KB105215

친절한 Nice Einstein
아인슈타인

"나는 상상력을 자유롭게 이용하는 데 부족함이 없는 예술가다.
지식보다 중요한 것은 상상력이다.
지식은 한계가 있지만 상상력은 세상의 모든 것을 끌어 안는다."

- 알베르트 아인슈타인

친절한 아인슈타인

Die Relätivitatstheorie : Einstein mal einfach
by Heinrich Hemme

친절한 아인슈타인

Nice Einstein

하인리히 헴메 글 + **김희상** 옮김

들어가기에 앞서

'우리가 살고 있는 지구 전체는 도대체 어떤 모양을 하고 있을까?'

이것은 언제부터인가 사람들이 늘 궁금해 하는 물음이지. 이런 물음에 이집트인과 수메르인이 수천 년 전 첫 번째 대답을 내놓았어. 그들이 상상한 지구는 평평한 원반과 같은 것이었어. 땅은 넘실대는 바다로 둘러싸여 있고, 하늘은 커다란 반구형 지붕으로 덮여 있다고 믿었지. 아주 단순하게 그려본 그림이지만, 다른 사람들의 생각도 여기서 크게 벗어나지 않았어. 그렇지만 세월이 흐르면서 이 상상의 그림은 엄청난 변화를 겪게 돼.

고대 그리스 과학자들은 훨씬 전에 지구가 원반일 수는 없다고 생각했어. 그리스 사람들이 생각한 지구는 움직이지 않고 가만히 서 있는 축구공과 같은 것이었지. 이 공이 우주의 중심에 있고, 달과 태양과 별들이 지구 주위를 돌고 있다고 본 거야. 다시 이 모든 걸 하나의 커다랗고 안이 텅 비어 있는 공이 감싸고 있다고 말이지. 별들은 이 공의 안쪽 가죽에 매달려 있는 셈이야. 고대 그리스 사람들이 그린 이러한 지구의 그림은 오랫동안 그럴싸한 것으로 받아들여졌어.

그러다가 16세기 초에 이르러서 다시 커다란 변화가 나타나. 니콜라우스 코페르니쿠스*는 우주의 중심이 지구가 아니라 태양이라고 주장했지. 그의 의견에 따르면 달은 계속해서 지구의 주위를 돌지만, 지구는 달과 함께 태양 주위를 돌지. 그러니까 움직이지 않고 가만히 있는 것은 지구가 아니라 태양인 거야. 다른 별들도 지구가 아니라 태양 주위를 돌고 있는 것이지.

그리고 16세기 말에 이르러 이탈리아의 수도사 조르다노 브루노**는 마침내 우주를 둘러싸고 있다는 유리공을 깨뜨려버렸어. 브루노는 모든 별이 태양과 똑같은 것이라고 믿었지. 그러니까 우리의 태양은 더 이상 우주의 중심이 아닌 거야.

오늘날 우리는 태양이 수백억 개의 별들 가운데 그저 그런 하나의 별에 지나지 않는다는 것을 알고 있어. 태양은 그렇게 크지도 작지도 않은 평범한 별이지. 우주의 중심에 있는 것도 아니고, 또한 변두리에 있는 것도 아니야.

이렇게 수천 년의 세월이 흐르면서 인간이 바라보는 세계의 모습은 여러 가지로 변해왔지만, 공간과 시간에 관한 생각 만큼은 거의 바뀌지 않았어. 물론 우주는 여러 가지 세계관을 거치면서 계속 커져왔지. 고대 이집트 사람들은 우주가 수천 킬로미터의 지름을 가지고 있다고 보았고, 오늘날 과학자들은 우주의 지름이 300×1,021킬로미터, 그러니까 3하고도 그 뒤에 '0' 이 23개가 더 붙는 엄청난 크기라고 말하지.

우주의 크기만 변했을까? 아니야. 우주의 나이도 변했어. 옛날에는 6천 년 정도라고 생각했지만 요즘은 우주의 나이가 150억 년은 될 거라고 이

* Nicolaus Copernicus:(1473~1543) 지동설을 주장해 근대 자연과학에 획기적인 전환을 불러온 인물로 시대의 흐름을 뒤바꾸는 것을 두고 '코페르니쿠스의 전환' 이라고 부를 정도로 큰 영향을 남겼다.

** Giordano Bruno:(1548~1600) 이탈리아 출신의 문인이자 철학자로 천동설을 부정했다는 죄목으로 화형을 당하고 말았다. 2000년 로마 교황청은 그의 처형이 잘못되었다는 것을 공식적으로 인정했다.

야기하거든. 그렇지만 우주의 크기와 나이를 둘러싼 생각이 바뀌었다고 해도 시간과 공간을 보는 관점은 수메르 시대나 19세기 말이나 다르지 않아.

이런 생각대로라면 시간과 공간은 세상의 나머지 것과 완전히 따로 있는 별개의 것이지. 만약 우주에서 모든 걸, 이를테면 생물체, 별, 빛 등을 모두 없애버려도, 우주라는 텅 빈 공간은 남을 거라고 봤어. 방 안에 있는 것들을 모두 빼내버려도 방은 남는 것처럼 말이야. 시간은 우주 어디에서라도 똑같이 흐르는 것이라고 생각했지. 우주를 텅 비워버리거나 심지어 아예 지워버려도 시간은 조금도 달라지지 않는다고 말이야.

1905년에 이르러 마침내 알베르트 아인슈타인은 시간과 공간을 보는 이런 단순하고 오래된 생각이 잘못된 것임을 알아냈어. 그는 상대성 이론이라는 것을 가지고 이런 생각을 완전히 뒤집어버렸지. 아인슈타인에 따르면 시간과 공간은 사람들이 수천 년 동안 당연하게 받아들여왔던 것과는 완전히 달라.

아인슈타인이 이해한 시간과 공간을 그려보는 것은 쉬운 일이 아니야. 이스라엘의 초대 대통령을 지낸 화학자 차임 바이츠만*은 아인슈타인과 함께 배를 타고 대서양 횡단 여행을 하고 나서 이런 말을 했어. "아인슈타인은 매일 나에게 그 상대성 이론이라는 걸 설명했죠. 목적지에 도착하고 나서 나는 이런 결론을 내렸어요. 세상 사람들이 다 몰라도 아인슈타인만큼은 그게 무슨 소리인지 알겠구나 하고 말이죠."

* Chaim Azriel Weizmann(1874~1952) 화학자 출신의 이스라엘의 정치인으로 러시아에서 태어났다. 1948년 미국의 이스라엘 정부 승인에 지대한 역할을 했고, 제네바 대학과 맨체스터 대학에서 유기화학과 생화학을 가르치기도 했다. 주요 저서로는 『시행착오』가 있다.

이런 이야기를 듣고 우리 친구들이 놀랄 필요는 없어. 상대성 이론을 배우고 이해하는 건 보기보다 어려운 일이 아니거든. 이 책이 여러분을 도와줄 거야. 상대성 원리의 아주 특별한 세계로 초대할게! 차근차근 따라오기만 하면 돼. 역사적인 발전 과정, 유명한 사람들, 그들이 연구한 것들, 시간 · 공간 · 무게를 다룬 새로운 학설들은 물론이고 몇 가지 실험들도 준비했어.

물리학자는 수학의 도움을 받아 자연을 설명하는 사람이지. 아인슈타인은 언젠가 이런 말을 했어. "과학 지식은 많은 사람들이 알아들을 수 있도록 될 수 있는 한 쉽고 간단하게 설명해야 한다. 하지만 쉽게 만든다고 해서 건너뛰거나 빼먹는 게 있으면 안 된다. 억지로 쉽게 만들어도 곤란하다." 이 책은 아인슈타인의 말을 충실하게 따랐어.

그래서 수학 공식을 포기하지 않을 거야. 하지만 겁먹을 건 없어. 더하고 빼고 곱하고 나누는 기본 계산법과 기초 상식만 가지면 충분히 이해할 수 있으니까. 긴 수학 풀이는 상자 안에 집어넣었어. 일일이 계산을 따라 해보고 검산하지 않아도 답을 믿을 수 있다면 그런 풀이는 건너뛰어도 돼.

앞과 뒤, 오른쪽과 왼쪽 등 방향은 될 수 있는 한 간단하게 표현하려고 동·서 · 남 · 북이라는 말을 자주 썼어. 원래 우주에서 이런 구별은 아무런 의미가 없는 것이지만, 그래야 우리는 길을 잃지 않을 수 있으니까.

차례

과학자들 이야기

친절한 Nice Einstein 아인슈타인

01 절대와 상대

걸리버는 거인이지만 난장이다!

어느 날 릴리퍼트라는 나라의 주민들은 해변에서 잠자는 거인을 발견했어. 거인은 그들보다 최소한 열 배는 더 컸지. 거인이 온 땅을 짓밟을까 무서웠던 사람들은, 그가 잠을 자는 동안 꽁꽁 묶어두었어.

레무엘 걸리버Lemuel Gulliver라는 이름을 가진 거인은 잠에서 깨어나 자신이 묶여 있는 것을 보고 깜짝 놀랐지. 더구나 40명은 족히 될 난장이들이 자기 가슴 위에서 이리저리 뛰어다니는 게 아니겠어? 끙 하는 기지개와 함께 자신을 묶은 끈을 끊어버린 걸리버는 릴리퍼트 사람들에게 싸울 뜻이 전혀 없다는 것을 차근차근 설명했지. 그리고 그는 난장이들과 2년이 넘도록 평화롭게 살다가 다시 다른 곳으로 떠나갔어.

인도로 가는 도중에 걸리버는 표류하던 끝에 브로브딩나그라는 섬에 닿게 되었어. 그런데 이번에는 이 섬에 사는 사람들이 높다란 탑만큼이나 키가 큰 거야. 거인들이 그에게 다가오자 겁에 질린 걸리버는 황급히 두 개의 밭고랑 사이에 숨어버렸지. 브로브딩나그의 농사꾼은 사람처럼 차려 입은 난징이를 보고 눈이 휘둥그레졌어. 엄지와 검지로 조심스럽게 들어 올려 고개를 갸우뚱하며 걸리버를 자세히 살펴봤지.

스위프트의 소설 『걸리버 여행기』의 주인공 걸리버가 겪은 일들은 어떤 물건이 작거나 크다고 말하는 게 어떤 것인지 분명하게 보여주고 있어. 그러니까 크기라는 것은 다른 것과의 비교를 통해서만 말할 수 있는 거야. 걸리버는 릴리퍼트 사람들과 비교하면 너무 커서 거인이지만, 브로브딩나그 사람들과 비교할 때는 난장이가 되고 말지.

두 사람을 비교해가며 키를 나타내는 사례는 쉽게 찾아볼 수 있어. 다윗은 골리앗의 절반에도 못 미치는 키를 가졌다고 하는가 하면, 오벨릭스Obelix는 아스테릭스Asterix보다 두 배는 더 크다는 식이지. 이런 걸 두고 우리는 상대방이 있어야 한다는 점에서 '상대적' 이라고 해. 두 개 이상의 것들을 비교했다는 말이야. 다윗의 키가 골리앗과 비교된 것처럼! 다윗의 키가 정확히 얼마였는지, 그의 키가 절대적으로 몇인지, 우리는 알 길이 없어.

이렇게 해서 우리는 처음으로 '상대' 와 '절대' 라는 개념들을 만나. 이 책에 나오는 내용들의 중심축을 이루는 게 바로 개념쌍이야.

그런데 다윗의 키는 센티미터로 나타낼 수도 있잖아? "다윗의 키는 160센티미터이다." 이렇게 하면 상대적이 아니라 절대적인 크기를 말한 것일까? 다윗의 키가 160센티미터라는 것은 변하는 게 아닌 절대적인 것이잖아? 그러나 사실은 달라. 우리는 그저 다윗의 키를 미터라고 부르는 단위와 비교한 것에 지나지 않지. 미터라는 단위 자체도 비교에 의해 만

들어진 것이거든.

1791년 사람들은 파리에서 회의를 열어, 지구 둘레의 1/40,000,000에 해당하는 길이를 1미터라고 하자고 결정했고, 오늘날에는 다른 방식으로 미터를 정해 쓰고 있지. 즉, 1미터는 빛이 1초 동안 나아간 거리를 299,792,458이라는 숫자로 나눈 것이야.

어떤 물건의 절대적인 크기를 말한다는 것은 불가능해. 프랑스 출신의 수학자이자 물리학자인 쥘 앙리 푸앵카레는 사람들에게 한 번 이런 상상을 해보라고 권했어.

"모두 잠든 밤새 우주가 1천 배로 커졌다고 합시다. 그러니까 인간, 동물, 식물, 태양, 달, 별, 분자, 원자, 전자, 줄자, 플라스틱 자 등 모든 게 하나도 빠짐없이 1천 배로 커진 겁니다. 자, 잠에서 깨고 나면 우리는 무엇을 볼까요? 뭔가 달라진 게 있을까요?"

푸앵카레는 여기서 잠시 뜸을 들였어. "전혀 없죠! 세상은 예전과 똑같아요. 커진 것을 알아볼 수 없기 때문입니다. 어떤 것의 크기를 재려면 표준과 비교해야만 합니다. 그런데 그 표준이라는 것도 1천 배로 커져버렸으니, 키가 180인 남자는 여전히 180인 것이죠." 푸앵카레는 여기서 한 술 더 떴지.

"우주가 커졌다고 말하는 것은 아무 의미가 없는 말이죠. 커진 것을 확인한다는 게 원칙적으로 불가능한 일이니까요."

그러니까 크기라는 것은 상대적이야. 시간은 어떨까? 영국의 소설가 허버트 조지 웰스의 단편 『새로운 가속기』를 보면 어떤 학자가 자신의 몸의 모든 기능을 빠르게 만드는 기계를 발명했다는 이야기가 나와. 심장이 지금보다 훨씬 더 빨리 뛰며, 호흡도 빠르게 하고, 생각의 속도도 빨라졌다는 거야. 요컨대, 학자는 무서울 정도로 빠르게 살지.

그러나 학자의 입장에서 보면 사정이 달라. 그의 눈에 세상은 정지해 있는 것만 같아. 거리를 오가는 사람들은 조각상이나 다름없으며, 새들은 달팽이처럼 느릿느릿 하늘을 날지. 자동차는 아스팔트 위를 슬슬 기어갈 뿐이야. 문제는 그뿐만이 아니야. 학자 자신도 아주 느리게 걸어야만 해. 안 그랬다가는 공기 마찰로 옷이 전부 타버릴 테니까.

시간이라는 것도 역시 상대적으로 이야기할 수 있을 뿐이야. 웰스의 소설에서 학자는 우리의 생체리듬에 비하면 아주 빠르게 살지. 그러니까 학자의 생체리듬에서 보자면 세상은 정지해 있는 것이나 다름없어. 열흘 동안 휴가를 다녀왔다고 하자. 이 열흘이라는 게 절대적인 시간일까? 전혀 그렇지 않아. 우리는 그저 지구가 지축을 중심으로 회전한 시간과 비교해서 열흘이라는 시간을 말할 수 있는 것일 뿐이야.

푸앵카레의 상상 게임을 약간 변형시켜 볼까. 12월 31일 자정부터 우주의 모든 것은 지금보다 두 배의 속도로 빨라진다고 하자. 새해 아침에 깨어난 우리는 뭐가 달라졌다고 생각할까? 이번에도 달라지는 건 "전혀 없어!" 시간을 재는 우리의 단위, 이를테면 지구가 지축을 중심으로 한 바퀴 도는 것을 하루라고 하고, 지구가 태양의 둘레를 한 바퀴 도는 것을 1년이라고 하는데 두 배로 빨라졌다 하더라도 바뀌는 것은 하나도 없어. 결국 작년 마지막 날이나 새해 첫 날이나 똑같아지는 거야. 그러니까 시간이라는 것도 크기와 마찬가지로 상대적이지.

쥘 앙리 푸앵카레

Jules Henri Poincaré(1854~1912)

쥘 앙리 푸앵카레는 1854년 4월 29일 프랑스의 도시 낭시에서 태어났다. 1879년 대학에서 광산 엔지니어 공부를 마친 그는 같은 해 파리의 소르본Sorbonne 대학교에 수학 박사학위 논문을 제출했다. 잠깐 동안만 엔지니어로 일한 그는 곧 캉Caen 대학교에서 수학을 가르치기 시작했으며, 1881년부터는 파리의 소르본 대학교로 자리를 옮겼다. 1886년 푸앵카레는 수리물리학과 확률이론을 가르치는 정교수가 되었다. 1896년에는 천체역학으로 전공을 바꿨다.

푸앵카레는 최신 수학의 거의 모든 분야에 걸쳐 눈부신 기여를 했다. 현대 위상기하학이라는 학문을 창설하기도 했다. 미분방정식 이론의 연구를 통해 물리학에, 더 나아가서는 결국 천문학에 이르렀다. 천체역학을 연구한 성과는 『천체역학의 새로운 방법』과 『천체역학 강의』라는 두 권의 역저로 발표되었다.

1895년 푸앵카레는 상대성이라는 원리를 광학과 자기력 현상에 적용했으며, 1904년, 그러니까 아인슈타인이 상대성 이론을 발표하기 1년 전에 빛보다 더 빠른 것은 있을 수 없다는 추측을 했다. 아인슈타인이 먼저 선수를 치지 않았더라면, 아마도 푸앵카레는 얼마 뒤 직접 상대성 이론을 완성했을 것이다.

인생의 말년에 푸앵카레는 양자역학을 연구하기도 했다. 양자역학은 상대성 이론과 더불어 20세기 물리학이 이룩한 두 번째 혁신이다.

푸앵카레는 1912년 7월 17일 파리에서 죽었고, 1928년에는 푸앵카레를 기리기 위해 물리학과 수학을 탐구하는 〈앙리 푸앵카레 연구소〉가 설립되었다.

02 속도의 측정

반드시 비교대상이 필요하다!

속도란 단어는 누구나 알고 있고, 평소에 자주 사용하지만, 이것이 물리학 개념이라는 사실을 아는 사람은 별로 없어. 속도는 아주 간단한 것을 뜻하지. 속도란 하나의 움직이는 물체가 지나온 거리를 이동에 걸린 시간과 비교한 값이야. 예를 들어 자동차를 타고 A에서 B까지 100킬로미터 떨어진 거리를 한 시간 만에 달렸다고 하자. 그럼 우리는 속도를 100km/h(여기서 'h'는 시간을 뜻해), 즉 시속 100킬로미터라고 표시하지. 어떤 사람이 30분 동안 2킬로미터를 걸었다면, 이 사람의 보행 속도는 온전한 시간으로 환산해 4km/h가 되는 거야. 전혀 움직이지 않는 물건도 속도를 나타낼 수는 있어. 그 물건은 0km/h라는 속도를 갖지.

수학을 완전히 빼놓고는 이야기를 할 수가 없어. 시속을 나타내는 방정식에는 언제나 '거리(distance)'와 '시간(time)' 그리고 '속도(velocity)'라는 단어들을 쓸 수밖에 없기 때문에 물리학에서는 다음과 같이 약어를 쓰지.

s = 거리(distance)

t = 시간(time)

v = 시속(velocity)

이런 약자들을 이용해 속도를 나타내는 공식은 $v=s/t$라고 나타내지. 그래서 자동차의 속도는 'Va = 100km/h'로, 보행자의 속도는 'Vp = 4km/h'로 각각 표시하는 거야. 여기서 a는 자동차(auto)의, p는 보행자(passenger)의 약자야.*

어때? 여기까지는 별로 어려울 게 없지! 그렇지만 속도라는 개념은 보기보다 복잡해. 기차가 가는 것을 보면 속도라는 게 간단하지 않다는 것을 쉽게 알 수 있어. 얼마 전에 우리의 친구 제이슨이 기차를 타고 콜키스로 여행하며 느낀 순간은 여러분도 아마 경험해 보았을 거야.**

제이슨은 기차의 객실에 앉아 창밖을 내다보았어. 열차는 역에서 출발하려고 대기 중이었지. 옆 선로에도 기차가 서 있었어. 다른 열차의 마주보이는 객실에는 젊은 처녀가 앉아 책을 읽고 있었지. 그러니까 두 사

* 거리의 경우 'd'라는 약자를 쓰지 않는 것은 수학에서 미분(derivative)을 'd'로 표시하는 경우가 많기 때문에 중복을 피하기 위해서이다. 그래서 거리는 's'를 쓴다.
** 콜키스는 흑해에 면한 고대국가로 그리스 신화에서는 황금과 양털의 나라를 가리킨다. 여기서는 고대와 현대를 넘나드는 상징적인 예로 쓰인 것이다.

람 사이에는 두 개의 유리창만 있었어. 제이슨은 아름다운 처녀를 유심히 바라보았지. 그때 갑자기 제이슨의 기차가 덜컹 하며 출발했어. 마주 보이던 처녀의 모습은 제이슨의 등 뒤로 사라져 갔지. 몇 초 지나지 않아 그의 시야에서 완전히 사라졌어. 지루해진 제이슨은 머리를 돌려 반대편 창문을 바라봤지. 플랫폼은 조용하기만 했어. 그런데 제이슨의 머리가 눈으로 본 것을 올바로 이해하기까지는 약간 시간이 걸려. 지금 출발한 열차는 제이슨이 탄 게 아니라, 처녀가 탔던 것처럼 느껴지는 거야. 다시금 다른 열차를 바라보지만, 제이슨은 실제로 자신의 기차는 멈춰 서 있고 다른 기차가 가고 있다고 생각하지.

그러니까 제이슨은 속도 때문에 착각을 일으킨 것이지. 어떤 열차가 서 있고, 어느 게 출발했는지 확인하기는 쉬워. 창문을 열고 내다보면 실제로 어느 기차가 움직이는 것인지 분명하게 알 수 있으니까. 그럼 이것으로 모든 문제는 정리된 것일까? 정말 그럴까?

한 번 이런 상황을 떠올려 보자. 선로 옆을 걷고 있는 사람이 멀리서 기차가 다가오는 것을 봤어. 기차가 얼마나 빠를지 호기심이 난 보행자는 속도를 재고 싶어졌어. 이를 위해 그 사람은 선로를 따라 일정한 간격으로 떨어져 있는 두 개의 전봇대를 골랐어. 한 눈에 들어오는 것들로 말이야. 마침 스톱워치를 가지고 있었지. 보행자는 기관차의 머리가 첫 번째 전봇대를 지날 때 스톱워치를 출발시켰어. 그리고 진행 방향에서 볼 때 두 번째 전봇대의 앞면에 기관차 머리가 닿는 순간, 스톱워치를 정지시켰지(그림 1).

자, 그게 4초였다고 하자. 이제 보행자는 선로로 가서 두 전봇대들 사이의 간격이 얼마나 되는지 보폭으로 재어봤어. 그게 120미터가 된다고 하면, 기차는 120미터를 4초 만에 주파한 셈이지. 이렇게 계산해보면 기차의 속도는 30m/s, 즉 초당 30미터가 되는 거야.

물론 이걸 두고 아주 정확한 측정이라고 할 수는 없어. 더 좋은 방법은 얼마든지 있을 거야. 하지만 이 정도로도 충분해. 지금 문제는 원리를 알아보는 거니까.

보행자가 속도를 측정할 때 마침 같은 열차 안에 승무원이 돌아다녔어. 마지막 차량에서 기관차까지 걸어간 거지. 승무원은 자신이 걷는 속

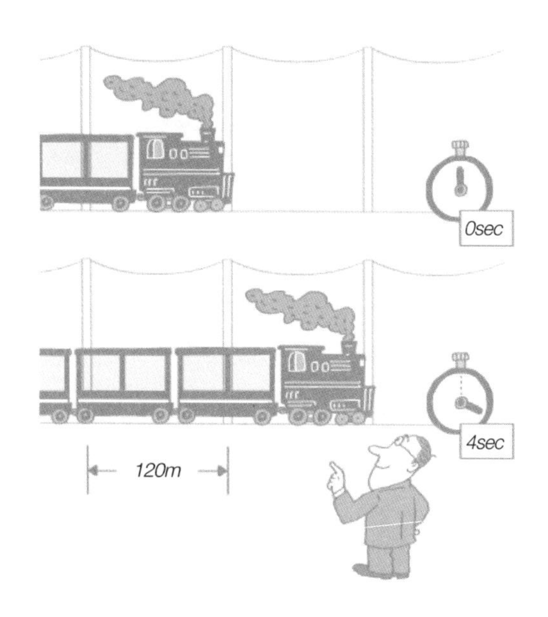

〈그림 1〉 열차의 속도를 재려고 보행자는 기관차의 머리가 전봇대를 지나치는 바로 그 순간 정확하게 스톱워치를 눌렀다(위). 그리고 기관차 머리가 진행방향으로 다음 전봇대 앞에 닿는 순간, 정확하게 스톱워치를 정지시켰다(아래).

도를 재고 싶었어. 그는 열차의 전체 길이가 50미터라는 것을 알고 손목 시계를 보며 시간을 쟀지. 그게 50초라고 치자. 그러니까 승무원은 50초 동안 50미터를 걸어간 거야. 이를 초속으로 나타내면 1m/s이지. 1초당 1 미터를 걸어간 게 되는 거지.

여기까지는 아무런 문제가 없는 것처럼 보일 거야. 그렇지만 보행자가 기차의 차창을 통해 보이는 승무원의 속도를 측정하려 한다면 어떻게 될까? 기차의 속도를 잴 때와 같은 방법을 쓴다고 하자. 그러니까 보행자는 승무원이 첫 번째 전봇대를 지나칠 때 스톱워치를 작동시켰다가 다시 두 번째 전봇대에 닿았을 때 멈춘 거야(그림 2). 이번에 초시계는 채 4초도 채우지 못했어. 정확히 3.9초였지. 왜 그럴까? 승무원은 첫 번째 전봇대를 지날 때는 마지막 차량의 끝에 있었지만, 승무원이 기관차 쪽을 향해 걸어갔기 때문에 두 번째 전봇대를 지날 때는 어느 정도 앞으로 갔다고 봐야 해. 이제 보행자는 승무원의 걷는 속도를 120m/3.9s라고 계산할 거야. 그러니까 대략 31m/s쯤 되는 셈이지.

승무원 자신이 계산한 속도와 보행자가 측정한 속도는 서로 충돌할 수밖에 없어. 그럼 승무원의 속도는 1m/s나 31m/s 가운데 어떤 게 맞는 것일까?

답부터 말하자면 둘 다 맞아. 충돌이 일어나는 것은 두 속도들 사이에 정보가 숨겨져 있기 때문이지. 정확하게 다음과 같이 말해야 할 거야. 승무원은 기차에 '상대적'으로는 1m/s를, 땅의 표면에 '상대적'으로는 31m/s라는 속도를 각각 갖는 것이지.

그럼 승무원의 속도가 기차에 '상대적'으로 1m/s라고 하는 것은 정확히 어떤 뜻일까? 이는 기차가 정지하고 있는 상황에서 승무원이 걸어

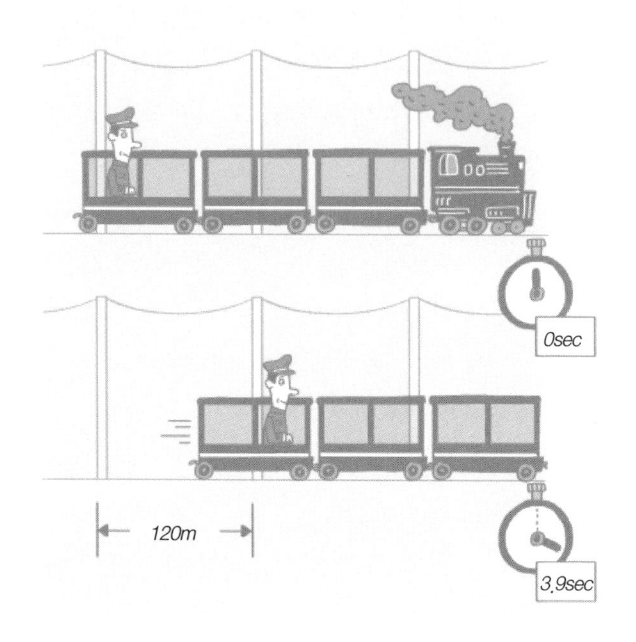

〈그림 2〉 달리는 기차 안을 걸어가고 있는 승무원의 속도를 재기 위해 보행자는 승무원이 첫 번째 전봇대를 지나는 순간에 초시계를 정확히 작동시키고(위), 다시 승무원이 다음 번 전봇대를 지나는 정확한 순간에 멈춘다(아래).

가는 속도가 1m/s가 된다는 것을 의미하지. 하지만 다르게 표현할 수도 있지. 이를테면 정지해 있는 기차와 승무원 사이의 속도 차이가 1m/s 된다고 말이야.

두 번째 속도 측정에 대해서도 같은 말을 할 수 있어. 보행자의 눈에 승무원은 31m/s의 속도로 걸어간 게 맞아. 그러니까 땅과 기차 사이의 속도 차이는 31m/s가 되는 거지. 땅이 꼼짝도 하지 않고 있었다는 전제

하에 말이야.

첫 번째 속도 측정의 경우에 속도가 '기차에 상대적' 이라는 말을 반드시 해야만 한다는 것에 대해서는 모두가 이해할 거야. 하지만 두 번째 경우는 좀 이상하게 들릴 거야. '땅이 꼼짝도 안한다는 세 도대체 무슨 소리야? 그런 말은 할 필요가 없는 게 아닐까?' 하고 말이야.

하지만 그렇지 않아. 우리는 모든 속도를 땅에 상대적으로 생각하는데 익숙해져 있어서 이상하게 느끼는 것일 뿐이야. 정확하게 말하자면 땅은 꼼짝도 하지 않고 있는 게 아니잖아.

둘레가 약 4만 킬로미터가 되는 지구라는 공은 24시간 만에 지축을 중심으로 한 바퀴를 돌아. 이는 적도 해변의 백사장 어딘가에 놓여 있는 코코넛이, 그러니까 지표면에 상대적으로 0km/h로 정지해 있는 코코넛이 4만 킬로미터를 24시간 만에, 정확히 말해 1,667km/h라는 엄청난 속도로 돌고 있다는 걸 뜻해. 음속보다 1.3배나 빠른 속도지. 자, 이런 속도는 우리에게 무엇을 말해주는 것일까? 사람들은 흔히 지구가 그 축을 중심으로 돌기는 하지만, 우주에서의 정해진 위치에서는 벗어나지 않는다고 생각하지.

하지만 우리는 그게 사실이 아니라는 것을 알고 있어. 지구는 어느 점에 고정되어 있는 게 아니라 거의 원형에 가까운 궤도를 돌고 있지. 매년 태양 주위를 한 바퀴 도는 거야. 이 궤도는 약 10억 킬로미터의 길이를 가지고 있어. 그러니까 지구는 매년 10억 킬로미터의 속도를 자랑하고 있는 셈이야. 이를 초속으로 환산하면 약 30km/s가 되지. 이 속도는 태양에 '상대적' 이야.

이런 식의 속도 계산 게임은 얼마든지 할 수 있어. 태양이라고 우주에서 꼼짝도 하지 않고 있는 것은 아니니까. 태양은 은하수 중심을 축으로 해서 또 엄청난 길이의 궤도를 돌고 있지. 은하수 중심이라고 가만히 있을 거 같아? 은하수 중심은 다시금 은하계의 중심 주위를 회전하고 있지. 이렇게 올라가자면 끝이 없어.

일단은 다시 우리의 기차 승무원에게로 돌아가 보자. 승무원이 열차에 상대적으로 갖는 속도와 지표면에 상대적으로 갖는 속도 사이에는 어떤 연관이 있을까? 이는 간단하게 알아볼 수 있어. 지표면에 상대적인 승무원의 속도는 기차에 상대적인 속도에다가 기차가 지표면에 상대적인 속도를 더한 거야. 이를 간결하게 정리하기 위해 승무원이 기차에 상대적인 속도는 소문자 v로, 기차가 지표면에 상대적인 속도는 대문자 V로 나타내보자. c와 t는 각각 승무원과 기차를 나타내는 약자이지.

v_c = 1m/s : 승무원이 기차에 상대적으로 갖는 속도

V_c = 31m/s : 승무원이 지표면에 상대적으로 갖는 속도

V_t = 30m/s : 기차가 지표면에 상대적으로 갖는 속도

이제 각각의 속도들이 갖는 관계를 간단한 공식으로 정리할 수 있어.

$$V_c = V_t + v_c$$

이 공식에 실제 속도의 수치를 넣어보면 다음과 같지.

$$31\text{m/s} = 30\text{m/s} + 1\text{m/s}$$

서로 다른 상대적 속도들의 관계는 이미 오래 전부터 잘 알려져 있어. 이런 관계를 처음으로 명확하게 정리해서 이용한 사람은 이탈리아 출신의 위대한 물리학자 갈릴레오 갈릴레이야.

"커다란 배의 갑판 아래에 있는 될 수 있는 한 커다란 공간에서 친구들과 모임을 가져봐." 갈릴레이는 속도의 상대성을 두고 자신의 책 『2대 세계 체계에 관한 대화』에서 이렇게 이야기하고 있어. "물이 들어 있는 커다란 양동이를 준비하고 그 안에 조그만 물고기들을 풀어놔. 또 조그만 양동이를 위에 걸어두고 그 아래에 둔 목이 좁은 물그릇에 물이 방울방울 떨어지게 해. 배가 꿈쩍도 않고 정지해 있는 한, 물고기는 아무런 차이 없이 사방으로 헤엄치는 것을 볼 수 있을 거야. 자, 이제 배가 어떤 속도로든 움직이면 어떻게 될까? 운동이 균일해서 이리저리 흔들리지 않는다면, 자네들은 앞에서 본 현상에서 조금도 달라지지 않는 것을 보게 될 거야. 그 어떤 것으로도 배가 운행을 하고 있는지, 아니면 정지한 것인지 알 수가 없어."

이제 열차 승무원이 반대방향으로 간다면 어떻게 될까? 그러니까 기관차에서 마지막 차량 쪽으로 말이야. 여전히 기차는 지표면에 상대적으로 30m/s라는 속도를 자랑하고, 승무원의 기차에 상대적인 보행속도는 1m/s이지. 하지만 이제 승무원은 열차의 진행방향과는 반대로 걷고 있으므로, 지표면에 상대적인 승무원의 보행속도를 산출하려면 두 속도들을 다음과 같이 계산해야 할 거야.

$$Vc = Vt - vc$$

이 공식에 실제 값을 대입하면 다음과 같아.

29m/s = 30m/s – 1m/s

승무원은 열차의 진행방향과 반대로 걷기 때문에 이제 보행자가 보는 승무원의 걷는 속도는 29m/s가 되지. 원한다면 이런 식으로 계속 승무원의 보행속도를 계산해 볼 수 있어. 그러니까 지표면에 상대적인 속도뿐만 아니라, 태양에 상대적인 속도, 은하수의 중심에 상대적인 속도 등을 말이야.

그렇지만 아무리 이런 식으로 우주 깊숙이까지 들어간다고 하더라도 우리는 언제나 두 물체 사이의 관계라는 기본 틀을 벗어날 수 없어. 승무원과 기차, 승무원과 지표면, 승무원과 지축, 승무원과 태양, 승무원과 은하수 중심. 이처럼 속도 측정을 위해서는 반드시 비교대상이 필요해. 속도 그 자체라는 것은 결코 알아낼 수 없지.

오로지 실제의 속도라는 것을 어떻게 잴 수 있겠어? 그래서 물리학에서는 이 절대속도를 전혀 알 수 없다고 설명하지. 원리상으로만 보면 간단해. 우주 어딘가에 전혀 움직이지 않는 어떤 것을 찾아낸 다음, 이 어떤 것에 상대적인 속도를 구하면 되겠지. 이런 식으로 얻어낸 속도가 그 물체의 절대속도가 될 테니 말이야. 하지만 문제는 절대로 움직이지 않는다고 확신할 수 있는 그 어떤 게 우주에 정말 있을까 하는 거야. 바꿔 말해서 0km/h라는 절대속도를 갖는 게 있을까?

19세기의 물리학자들은 그런 어떤 게 있다고 믿었어. 당시 사람들은 이를 '에테르Ether' 라고 불렀지.

에테르가 뭔지 좀 더 자세히 알아보기 전에 우리는 먼저 빛에 대해 알아야 해. 상대성 이론에서 빛은 아주 중요한 역할을 하는 것이니까.

갈릴레오 갈릴레이

Galileo Galilei(1564~1642)

그는 1564년 2월 15일 이탈리아의 피사에서 태어나 고향의 대학교에서 의학과 수학 그리고 물리학을 공부했다. 공부를 끝내고 몇 년 동안 피사와 파도바에서 수학 교수를 지냈으며, 1610년 토스카나 대공의 궁정 수학자이자 철학자로 부름을 받아 피렌체로 갔다. 1616년 그는 교황으로부터 코페르니쿠스의 학설에 관해 침묵하라는 명령을 받았다. 코페르니쿠스는 지구가 세계의 중심이 아니라고 주장했다. 다시 말해서 태양과 행성과 나머지 별들이 지구를 중심으로 돌고 있는 게 아니라고 한 것이다. 거꾸로 태양이 모든 것의 중심이라고 한 것이 코페르니쿠스 이론의 핵심이다.

1632년에 발표된 그의 대표작 『2대 세계 체계에 관한 대화』를 본 사람들은 그가 침묵 명령을 깼다고 생각했다. 이듬해 그는 종교재판을 통해 그의 학설을 철회하라는 판결을 받았다. 그리고 무기한 집에서 한발자국도 나가서는 안 된다는 가택연금형을 받았다.

그는 고전역학의 기초를 닦았으며 자연에서 일어나는 일들을 수학으로 설명하려고 애썼다. 그의 유명한 생각 실험에서 갈릴레이는 이런 말을 했다. "모든 물체는 공기의 저항을 받지 않는다면 똑같은 속도로 땅에 떨어진다." 이 같은 주장은 당시 널리 퍼져 있던 통설, 즉 물체가 무거울수록 낙하속도는 빨라진다는 기존 학설과 정면으로 충돌하는 것이었다.

과학에 있어 그가 이뤄낸 업적을 단 몇 줄의 문장으로 정리하는 것은 불가능한 일이다. 그는 망원경을 만들어 하늘을 관찰함으로써 당시 천문학 전체를 뿌리부터 뒤흔드는 혁명을 일으켰다. 달의 표면에 울퉁불퉁한 계곡이 있음을 알아냈고, 태양의 흑점, 목성 주위를 도는 위성들, 토성을 모자챙처럼 둘러싸고 있는 커다란 고리 등도 발견했다. 그의 업적으로 하늘은 돌연 신의 완벽함을 잃고 말았으며, 과학으로 설명할 수 있는 속세의 것으로 곤두박질쳤다. 1642년 1월 8일 갈릴레이는 피렌체에서 멀지 않은 아르체트리라는 곳에 있는 자신의 시골집에서 죽었다.

03 빛의 성질

파동설이냐, 입자이론이냐?

빛이 뭘까? 영국의 물리학자 아이작 뉴턴Isaac Newton은 빛이 아주 작은 알갱이들로 이뤄져 있다고 보았어. 워낙 작아서 아무리 크기를 재려 해도 알아볼 수 없을 정도라는 거야. 빛의 출발점이 되는 곳, 즉 광원(光源)은 예컨대 엽총처럼 알갱이들을 사방으로 쏘아댄다는 것이지. 뉴턴의 상상에 따르면 이 빛 알갱이들은 중력의 영향을 받지 않기 때문에 땅으로 떨어지지 않아. 그래서 곧은 직선과 같은 궤적을 따라 공간을 날아다닌다는 거야.

이런 알갱이 이론 혹은 전문용어로 말하자면 '입자이론(Corpuscular theory)'으로 뉴턴은 당시 알려진 모든 빛과 관련된 현상들을 설명하려 했어. 하나의 광선은 수많은 빛 입자들로 이뤄진 줄 같은 것이어서 모두 같은 궤적을 그리며 날아간다는 거야. 이를테면 동일한 과녁을 겨누는 기관총 총알들처럼 말이야. 하나의 빛 입자는 거울에 부딪치면 벽을 향해 던진 공이 다시 튕겨져 나오는 것처럼 되튀지. 거울에서 입자가 반사되는 각도는 처음에 거울에 비쳐질 때와 같아(그림 3). 그러니까 우리가 어떤 물건을 본다는 것은 그 물건에서 나오거나 혹은 반사된 빛 입사가 우리 눈에 들어와 망막에 반응을 일으키는 거야. 이것이 뇌에 전달되어 우리는 그 물건을 보게 되는 거지.

뉴턴이 입자이론을 영국에서 주장하던 것과 거의 같은 시기에 네덜

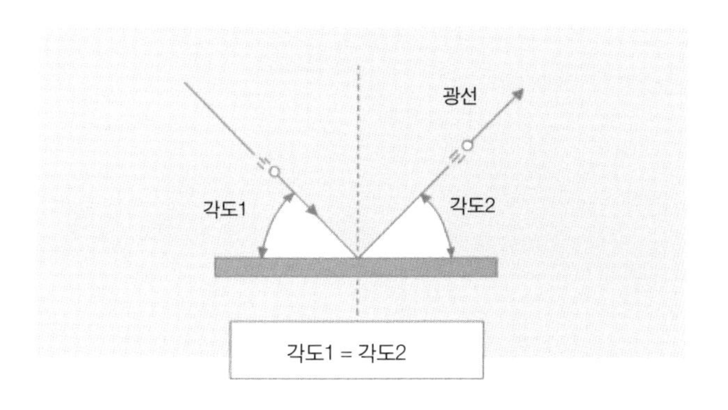

〈그림 3〉 거울에 부딪친 빛 입자는 반사된다. 빛 입자가 거울로 가서 부딪치는 각도와 반사되는 각도는 거울을 기준으로 볼 때 언제나 똑같다.

란드에서 크리스티안 하위헌스가 빛의 '파동설(Wave theory)' 이라는 것을 개발해냈어. '파동설' 이 무엇인지 이해하기 위해서는 약간의 비유가 필요해.

돌을 연못에 던지면 잔잔하기만 했던 수면에 돌이 가라앉는 곳에서

부터 원 모양의 무늬가 생겨나. 이 원형의 지름은 계속 일정한 비율로 커지며 번져나가. 이처럼 돌이 닿은 부분에서부터 번져나가는 원형을 우리는 파동이라고 불러. 동시에 일정한 간격을 두고 계속 새로운 파동이 생겨나지. 얼마 뒤 연못의 전체 수면이 움직이면서 원 안에 원을 계속 그려 넣은 것 같은 모양을 볼 수 있어(그림 4). 우리 친구들도 익히 알고 있는 모습일 거야.

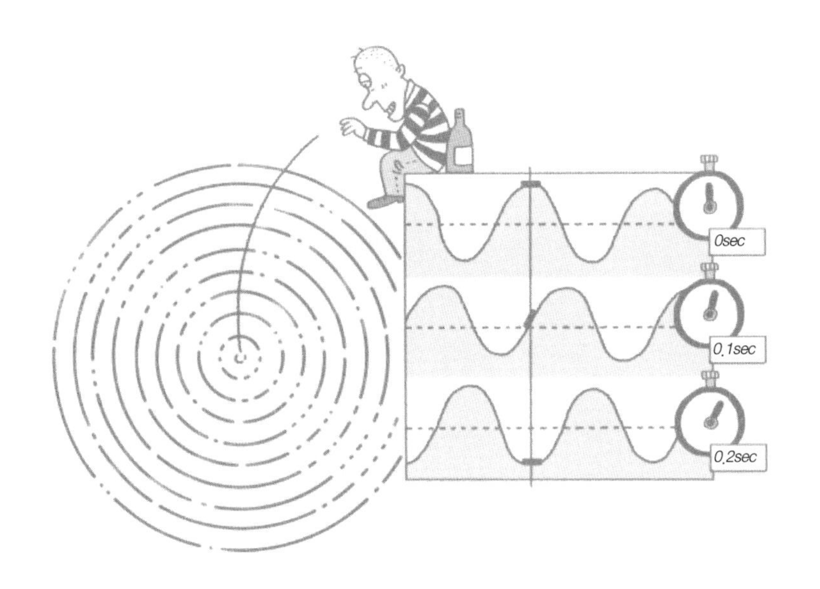

〈그림 4〉 연못 한가운데 떨어진 돌은 수면에 원형의 고리 모양을 이루는 파동을 만들어 낸다. 이 파동은 돌이 떨어진 곳에서 물가 쪽으로 계속 번져나간다. 이 파동을 위에서 아래로 잘라본 단면은 대략 오른쪽 그림과 같은 모습을 보여준다(여기서는 대충 비슷하게 그려본 것임). 파동을 0.1초의 가격을 두고 세 차례 연달아 관찰한 모양이다. 연못에 떠있던 코르크는 파동을 따라 흘러가지 않으며, 같은 위치에 그대로 남아 위아래로 떠올랐다 가라앉았다 하기를 반복할 뿐이다.

이제 우리는 파동이 물로 이뤄진 것이기에 돌이 떨어진 곳에서부터 물은 바깥쪽으로 흘러가 연못 둑을 넘쳐흐를 거라고 생각하기 마련이야. 하지만 이는 착각이지. 정말 그렇다면 돌이 떨어진 곳은 물이 빠져나가 움푹 파여야만 해. 하지만 누구나 알고 있듯 그런 일은 일어나지 않잖아!

아주 간단한 실험을 통해 파동이 실제로 물이 흐르는 것은 아니라는 것을 확인할 수 있어. 수면 위에 둥둥 떠 있는 코르크 마개를 보았다고 하자. 마개는 파동을 따라 연못 둑 쪽으로 흘러가는 게 아냐. 다만 마개가 있던 그 자리에서 떠올랐다 가라앉았기를 반복할 뿐이지. 그것도 파동이 지나가는 아주 짧은 순간 동안만 말이야.

이제 연못을 위에서 보는 게 아니라 옆에서 관찰한다고 하자. 그러니까 우리는 머릿속으로 하늘에서 연못 바닥까지 수직으로 잘라놓은 단면을 본다고 말이야(그림 4). 그럼 수면이 잔잔한 게 아니라 일정한 간격을 두고 높고 낮은 골이 이어지는 모양을 이루는 것을 볼 수 있어. 물리학자들은 이런 형태를 가깝게나마 표현하기 위해 '사인곡선(Sine curve)' 이라고 부르지.

〈그림 4〉의 오른쪽은 파동이 일어나는 순간을 그려놓은 것이야. 이 모양은 끊임없이 변해. 중간 그림은 파동이 위의 그림에서 0.1초 지난 다음의 것인데, 파동이 약간 오른쪽으로 이동한 것을 알 수 있어. 거기서 다시 0.1초가 지난 것인 맨 아래 그림은 오른쪽으로 더 움직인 것을 보여줘. 이런 식으로 계속 오른쪽으로 움직이는 거야. 그러니까 파동의 전체 모양은 왼쪽에서 오른쪽으로 움직이는 것을 나타내지. 코르크는 이 움직임을 따라가는 게 아니라, 물살에 따라 위와 아래로 떠올랐다 가라앉기만 반복해.

연못 수면의 물도 코르크와 같은 움직임을 보여주는 거야. 각각의 물방울은 위로 아래로 움직이는 것일 뿐, 연못 둑을 향해 흘러가는 게 아니지. 다시 말해서 파동에 있어 물방울은 왼쪽에서 오른쪽으로 흐르는 게 아니라, 그저 위와 아래로 부침을 거듭하는 것일 뿐이야. 다른 종류의 파동도 같아. 예를 들어 정원에 물을 주는 호스를 잡고 흔들어봐. 출렁이며 위와 아래로 떨릴 뿐, 호스 자체가 물 흐르듯 일정 방향으로 움직이는 게 아니잖아. 소리의 파동, 즉 음파도 마찬가지야. 스피커에서 우리의 귀로 공기가 흘러오는 게 아니야. 다만 공기의 압력이 변하면서 파동을 그리며 전해지는 것이지.

그럼 다시 빛으로 돌아가 볼까. 크리스티안 하위헌스에게 있어 빛이 처음 시작되는 곳은 우리가 던진 돌멩이가 물에 떨어진 곳과 같아. 이때 생겨나는 파동이 곧 빛인 거야. 하위헌스는 이 이론을 가지고 입자이론을 주장했던 뉴턴과 똑같이 빛에 의해 생겨나는 모든 현상을 설명할 수 있었어. 하지만, 당시 과학계에서 뉴턴은 하늘을 찌를 것만 같은 권위를 자랑했지. 18세기 내내 뉴턴의 이론은 하느님의 가르침처럼 떠받들어졌고, 조금이라도 이와 다른 얘기를 하는 것은 자살행위나 다름없었어. 하위헌스의 '파동설'은 이내 사람들의 기억에서 잊히고 말았지.

파동설은 19세기에 들어서 비로소 영국의 토머스 영*에 의해 부활하기에 이르러. 파동설로 인해 새롭게 발견된 여러 가지 광학 현상을 설명할 수 있게 되자 1825년 이후 많은 사람들은 뉴턴의 이론을 따르지 않게 되었어.

20세기 초반만 하더라도 입자이론은 아무 의미가 없는 것이었지. 그러다가 1905년 알베르트 아인슈타인이 다시 입자이론을 물리학으로 끌어들였으며, 이 공로를 인정받아 1921년에는 노벨상을 받았지. 길버트 뉴턴 루이스Gilbert Newton Lewis(1875~1946)는 빛 입자에 '광양자(Photon)' 라는 이름을 붙여줬어. 이 이름은 전자(Electron), 양자(Proton), 중성자(Neutron), 뮤온(Muon) 등 기본입자들을 부르는 이름의 끝에 'on' 이 붙는 것을 그대로 따른 거야.

"그럼 도대체 누구 말이 맞는 거야? 하위헌스? 아니면 뉴턴과 아인슈타인?" 아마도 여러분은 이렇게 물을 거야. 답은 "세 사람 다!" 라고 할 수밖에 없어. 그게 무슨 답이냐고 할지도 모르지만, 어쩔 수 없어. 그러니까 빛은 1905년 이후 일종의 잡종이 되고 말았거든. 어떤 실험을 하느냐에 따라 빛은 한 번은 파동으로, 또 한 번은 입자로 나타나지. 이를테면 입자인 동시에 파동이랄까. 아니 이것도 정확한 말이 아니야. 빛은 파동도 입자도 아니니까.

뉴턴의 입자이론이든 하위헌스의 파동설이든 한 가지 분명한 점은 빛은 무한대로 빠른 게 아니라, 일정한 속도를 가지고 있다는 사실이야. 뉴턴 이론에서야 빛의 속도라는 게 무엇을 뜻하는지 금방 알 수 있지. 빛의 속도라는 것은 빛 입자가 비행하는 속도이니까. 하지만 파동설에서는 그렇게 간단하지 않아. 여기서는 빛의 파동이 그리는 파고를 어느 순간 정확히 측정해서 이 파고가 어떤 속도로 움직이는지 알아내야 해. 한 파동이 그리는 각각의 파고 사이의 간격은 언제나 일정하지. 각각의 파고들, 또 이로써 전체 파동은 같은 속도를 가져.

1676년 처음으로 빛의 속도를 측정하는 데 성공한 사람은 덴마크 출신의 올레 크리스텐센 뢰머(1644~1710)야. 그는 이를 위해 목성의 위성을 관측했어. 측정 결과가 뭐 그렇게 정확한 것은 아니었지만, 이로써 빛이 무한하게 빠른 것은 아니라는 게 증명된 셈이야. 빛이 끝없이 빠르다고 생각한 그리스 철학자 아리스토텔레스와 후대 과학자들의 주장이 마침내 반박된 것이지.**

오늘날 빛의 속도를 고도의 정밀성을 가지고 측정하는 데에는 아무런 문제가 없어. 공기가 없는 진공 공간에서 빛은 299,792,458m/s이라는 놀라운 속도를 자랑해. 정말 상상하기 힘들 정도로 대단한 속도지. 1초에 하나의 빛 입자는 지구 주위를 일곱 번하고도 반을 더 돌아! 1초에 거의 달까지 날아갈 정도라니까! 그 긴 수를 항상 써야만 하는 불편을 덜기 위해 사람들은 광속을 *c****라는 약자로 나타내기로 했어. 그러니까 c=299,752,458m/s가 되는 거야.

뉴턴과 아인슈타인이 말하는 빛 입자가 진공 공간인 우주를 통해 태양이나 다른 별들에서 지구로 날아올 수 있다는 것은 충분히 이해할 수 있는 이야기야. 하지만 파동이라는 것도 진공 공간을 통과할 수 있을까? 하위헌스는 이런 물음에 다음과 같이 대답했어.

"빛은 파동이다. 물의 파동이 물이 없이도 있을 수 있고, 호스의 파동

* Thomas Young: 영국이 낳은 다재다능한 천재. 안과 의사이자 물리학자였으며, 이집트의 상형문자를 판독하는 데도 큰 공을 세웠다.

** 뢰머는 목성의 위성 중 하나인 '이오'가 월식(목성 뒤로 사라지는 현상)이 발생할 때, 지구가 공전궤도에서 가까이 있을 때보다 멀리 있을 때 22분 늦게 나타나는 사실을 이용하여 빛의 속도를 계산해냈다. 오차는 심했지만 최초의 광속 계산이라는 의미를 갖는다.

*** 속도를 나타내는 라틴어 '셀레리타스celeritas'의 첫 문자이다.

이 호스 없이도 가능한 것처럼, 빛이라는 파동은 그것을 전달해 줄 어떤 매개체만 필요로 할 뿐이다. 진폭을 일으키면서 나아가게 만들어주는 그런 매체 말이다." 이 매체를 하위헌스는 빛 에테르라고 불렀어.

크리스티안 하위헌스

Christiaan Huygens(1629~1695)

그는 시인이자 외교관인 콘스탄테인 판 추이리헴 하위헌스의 아들이다. 그는 1629년 4월 14일 네덜란드의 헤이그에서 태어났다. 16번째 생일을 맞을 때까지 그는 아버지와 몇몇 가정교사들에게 가르침을 받았다.

1645년에서 1647년까지는 레이던 대학교에서 법학을 공부하면서 틈틈이 수학 강의를 들었다. 파리와 런던을 여행한 이후 그는 1649년부터 과학 연구에 몰두했다. 1666년에는 파리에 새로 설립된 〈과학 왕립 아카데미〉에 가입해 당대 과학의 지도적 인물들, 이를테면 아이작 뉴턴과 고트프리트 빌헬름 라이프니츠(1646~1716) 등과 교류를 가졌다. 1681년 하위헌스는 네덜란드로 돌아와, 자신의 영지 호프비이크에 정착했다.

하위헌스는 초기에 훌륭한 품질의 광학 기구들을 만들어내는 데 집중했다. 그는 1655년 자신이 만든 망원경으로 토성의 위성인 티탄Titan을, 1656년에는 오리온 성운을 각각 발견했다.

또 1656년에 많은 사람들이 즐겨 읽는 수학 연구 논문을 썼다. 1656년에서 1657년에 걸쳐 최초의 진자시계를 발명했으며, 1673년에는 대표작 『진자시계』를 펴냈다. 이 책에서 하위헌스는 진자시계를 개량했으며, 진자의 물리적 운동을 다룬 이론을 정리했다. 1675년에는 진자시계와 달리 호주머니에 넣어가지고 다닐 수 있는, 태엽과 평형바퀴를 가진 회중시계를 만들어냈다.

1676년부터 하위헌스는 광학 연구에 더욱 몰두했다. 그는 빛의 반사작용, 굴절, 전파 등을 깊게 파고들면서, 빛이 파동임에 틀림없다는 생각을 키워나갔다. 빛 파동을 전파해주는 매개체로 그가 꾸며낸 것이 에테르이다. 이로써 하위헌스는 빛이 입자로 이루어져 있다고 본 뉴턴과 대립했다.

1695년 8월 8일 그는 자신이 태어난 도시 헤이그에서 죽었다.

04 빛의 속도

에테르의 정체를 밝혀라

고대 그리스의 과학자들은 지구의 일반적인 공기층 위에 특별한 공기가 따로 있다고 생각했어. 그것을 그리스어로 에테르*라고 불렀지. 고대 그리스 과학자들은 공기가 완전히 없는 공간, 즉 진공이라는 게 있을 수 없다고 생각했거든.

이후 수백 년이라는 세월이 흐르는 동안 각종 에테르들이 나타났어. 과학자들은 설명하기 힘든 것을 만나면 무조건 에테르라고 이름을 붙였으니까. 예를 들어 행성이 움직일 수 있는 것도 에테르가 떠받쳐주기 때문이라고 했고, 심지어 인간의 어떤 느낌이나 감정이 다른 사람에게 전해질 수 있는 것도 에테르라는 매개 덕분이라고 했지. 한때는 우주 전체를 세 개 혹은 네 개의 서로 다른 에테르들이 채운다고 한 적도 있었어. 하지만 인간이 자연을 더 많이 배워나갈수록 에테르는 차례로 자취를 감

쳤지.

19세기 말에 이르러 마침내 단 하나의 유일한 에테르만이 남게 되었어. 그게 곧 크리스티안 하위헌스가 끌어들인 빛 에테르야. 과학자들은 이것만큼은 포기할 수 없었지. 이게 없으면 빛이 파동이라는 사실을 설명할 수가 없었으니까. 전달해 주는 매체가 없는데 우리의 눈에 빛이 보일 수는 없는 거잖아.

이 빛의 에테르는 여러 가지 놀라운 성질을 가진 게 틀림없었을 거야. 우선 에테르는 아주 촘촘하면서도 탄력이 좋아야만 해. 그래야 빛 파동이 전파될 수 있으니까. 또 물체에 조금도 저항력을 갖지 않아. 심지어 물체는 에테르라는 벽을 완전히 통과할 수 있어야만 해. 사람이 통과해도 에테르를 전혀 느끼지 못하지. 사람들은 에테르를 공기와 비슷한 것이라고 생각했어. 우주 어디를 가나 똑같은 정도로 퍼져 있으면서 빈 곳 하나 없이 완전히 채우는 게 에테르지. 물론 어딘가로 흘러가 없어지지도 말아야 해. 절대적인 정지 상태라고나 할까. 그러니까 에테르의 실제 속도는 0km/h이어야 하는 거지. 말 그대로 절대속도여야 하는 거야.

이렇게 본다면 절대속도라는 것을 측정할 가능성이 생겨. 예를 들어 지구의 절대속도를 알고 싶다면, 지구와 에테르 사이의 속도 차이만 측정하면 되니까. 벌써 우리는 에테르가 0km/h라는 속도를 갖는다는 것을

* 원래는 '푸른 하늘' 이라는 뜻이다.

알잖아. 다만 에테르에 상대적인 속도를 잰다는 게 쉬운 일이 아니야. 에테르는 볼 수도 느낄 수도 없을 뿐더러 어떤 방법으로도 파악할 수가 없는 것이니까.

누구도 그 어떤 무엇도 느낄 수 없고 알 수 없는 에테르지만, 딱 하나의 예외가 있어. 빛은 에테르를 느낄 수 있지! 그렇다면 우리에게 주어진 유일한 기회는 빛의 도움을 받아 에테르와의 속도 차이를 측정하는 거야.

영국의 유명한 물리학자 제임스 클러크 맥스웰은 이런 측정을 어떻게 하면 좋을지 처음으로 생각을 짜냈어. "빛의 속도를 한 번은 에테르 바람과 같은 방향으로, 또 다른 한 번은 반대 방향으로 재보는 거다. 이렇게 하면 지구의 절대속도를 계산해 낼 수 있다."

그런데 이 에테르 바람이라는 게 뭘까? 이렇게 생각해보자. 자전거를 타 본 친구들이라면 잘 알고 있을 거야. 흔히 이런 이야기를 하잖아. "자전거를 타는 사람은 언제나 맞바람을 맞는다. 어떤 방향으로 자전거를 달리든 바람은 부니까."

이런 생활의 지혜는 틀린 게 아니야. 바람 한 점 없을 때 자전거가 정지해 있다면 자전거와 공기 사이의 속도 차이는 0km/h이지. 물론 바람 한 점 없을 때 20km/h의 속도로 달렸다면 공기와 친구 사이의 속도 차이는 20km/h야. 바꿔서 말해볼까? 같은 방향으로든 반대든 20km/h의 속도로 바람이 불고 있다고 해봐. 이제 지구는 일정 속도로 정지해 있는 에테르 사이를 움직이고 있으니까, 에테르 바람은 정확히 이 속도로 맞불어야 해. 다만 우리는 에테르를 느끼지 못하니까 이런 맞바람을 모를 뿐이지.

그렇지만 빛은 사정이 달라. 19세기 사람들의 상상에 따르면 빛은 정

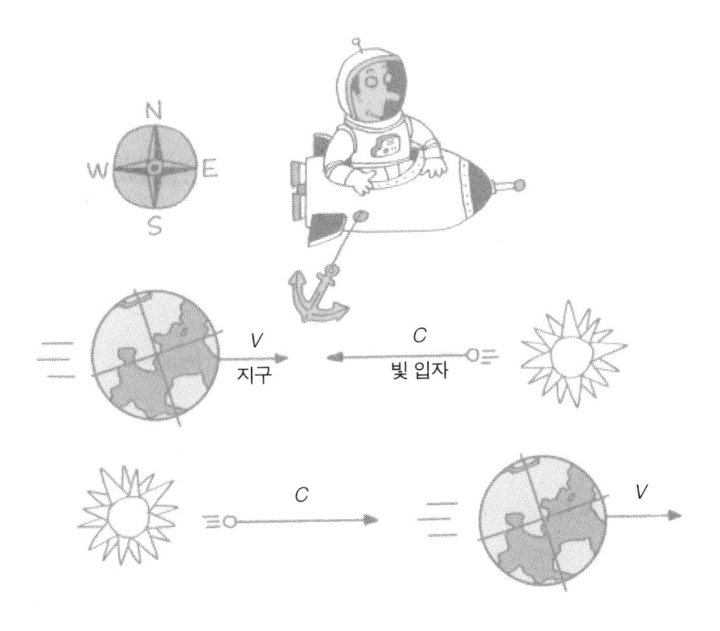

〈그림 5〉 에테르에 정지해 있는 우주선에 타고 있는 우주인은 속도 c를 갖는 빛 입자와 속도 v를 갖는 지구가 서로 마주보는 방향으로 접근하는 것을 관찰한다. 이때 지구에서 보면 빛 입자는 c + v 라는 속도를 갖는다(위). 또 우주인은 속도 c를 갖는 빛 입자와 속도 v를 갖는 지구가 서로 같은 방향으로 진행하는 것도 볼 수 있다. 그러니까 별의 빛이 지구를 따라잡으려는 것처럼 말이다. 이 빛 입자를 지구에서 보면 c - v 라는 속도를 갖는다.

지해 있는 에테르가 일으키는 파장과 다르지 않아. 이런 파장은 에테르에 상대적으로 언제나 c=299,792,458m/s라는 일정한 속도로 퍼져나가지. 그럼 이제 빛과 에테르 그리고 지구를 놓고 앞에서 살펴보았던 열차와 보행자 그리고 승무원의 관계 그대로 생각해보자.

지구가 정지해 있는 에테르에 상대적으로 30km/s라는 속도(v)로 서쪽에서 동쪽으로 이동하고 있다고 하자. 저 멀리 있는 별에서 하나의 빛 입자가 에테르에 상대적으로 c =299,792,458m/s라는 속도로 동쪽에서 서쪽으로 날아왔어. 이제 에테르에 정지해 있는 우주선에 탄 우주인이 지구와 빛 입자를 관찰하는 거야. 그럼 실제로 지구는 v라는 속도로, 빛 입자는 c라는 속도로 각각 날아와 서로 충돌하는 셈이지(그림 5, 위). 반대로 지구 위에 있는 사람은 에테르에 상대적인 속도를 느낄 수 없으므로 자신이 정지해 있다고 생각할 거야.

그럼 빛 입자는 c보다 더욱 빠른 속도, 즉 c_1이라는 속도로 자신에게 달려들고 있다고 생각하겠지. c_1이라는 더 높은 속도는 빛의 속도에 지구의 속도를 더한 것이지. 물론 모두 에테르에 상대적인 속도야. 그럼 이걸 공식으로 나타내보자.

$$c_1 = c + v = 299{,}792.458\text{km/s} + 30\text{km/s} = 299{,}822.458\text{km/s}$$

반대의 상황을 생각해볼 수도 있어. 지구는 여전히 30km/s의 속도로 서쪽에서 동쪽으로 가고 있어. 물론 정지해 있는 에테르를 통과하면서 말이야. 그렇지만 이번에는 서쪽의 멀리 있는 별에서 오는 빛 입자가 동쪽으로 날아오면서 지구를 따라잡으려 하는 거야. 물론 이 빛 입자의 에테르에 상대적인 속도는 299,792.458km/s이지(그림 5, 아래). 이제 에테르에 정지해 있는 우주인이 보면 299,792.458km/s라는 속도를 가진 빛 입자가 고작 30km/s의 속도를 가진 지구를 따라잡으려 하는 것처럼 보일 거야. 이를 다시 지구에 정지해 있는 사람이 보면 빛 입자는 아까보다는 느린 속도 c_2로 그에게 날아오겠지. 지구에 상대적인 빛 입자의 느린 속도 c_2는 에테르에 상대적인 빛의 속도에서 지구의 속도를 뺀 값이야. 이를 다시 공식으로 정리해보자.

$$c_2 = c - v = 299{,}792.458\text{km/s} - 30\text{km/s} = 299{,}762.458\text{km/s}$$

이제 지구에서 하나는 지구가 움직이는 방향과 같은 방향에서 날아오는 빛 입자의 속도(c_2)와, 또 다른 하나는 반대방향에서 날아오는 빛 입자의 속도(c_1)를 각각 측정했다고 하자. 이런 측정은 지구의 절대속도를 몰라도 얼마든지 할 수 있어. 측정한 두 속도들 가운데 큰 것인 c_1에서 작은 값인 c_2를 뺀다면 지구의 절대속도 값이 두 배가 되는 것을 알 수 있지. 어떻게 해서 그러냐고? 직접 해보면 아주 간단해.

$$c_1 - c_2 = (c + v) - (c - v) = c + v - c + v = 2v$$

괄호를 풀어버리기만 하면 방정식에서 에테르에 상대적인 빛의 속도 c는 간단하게 사라지고 두 배의 절대속도 값 $2v$만 남지. 이로써 제임스 클러크 맥스웰과 그의 동시대 사람들은 지구의 절대속도를 측정할 수 있다고 믿었어. 그렇지만 유감스럽게도 이런 시도는 성공하지 못했어. 당시의 기술수준으로는 무리였기 때문이야. 에테르에 상대적인 지구의 속도가 실제로 약 30km/s라고 한다면, 두 빛 속도를 측정하는 데 있어 최소한 0.0000005%는 더 정밀한 값을 얻어낼 수 있는 방법이 필요했거든. 맥스웰이 살아 있을 때 이런 정밀도는 꿈도 꿀 수 없는 것이었지.

제임스 클러크 맥스웰

James Clerk Maxwell(1831~1879)

그는 1831년 6월 13일 에든버러에서 태어났다. 그는 스코틀랜드의 부유한 클러크 가문의 마지막 종손이다. 맥스웰이라는 이름은 결혼을 통해 얻은 영지를 그대로 소유하려고 덧붙인 것일 뿐이다.

그는 1847년에서 1854년까지 물리학을 공부했다. 처음에는 고향인 에든버러에서, 나중에는 케임브리지에서 학창 생활을 보냈다. 1855년에서 1859년까지는 케임브리지와 애버딘에서 물리학을 가르쳤으며, 1860년에 케임브리지의 실험물리학 교수직을 얻었다. 이 자리에는 죽을 때까지 머물렀다.

1857년 그는 토성의 띠를 분석하는 대회에서 우승했다. 그는 큰 고리 같이 생긴 띠가 무수히 많은 작은 물체들로 이뤄져 있다는 것을 밝혀냈다. 그의 이런 결론은 1980년 미국의 무인 위성 '보이저voyager' 호의 탐사로 입증되었다.

그는 1859년부터 오스트리아 출신의 물리학자 루드비히 볼츠만과 함께 기체운동학 이론을 연구했다. 이 이론에 따르면 기체 입자는 완전히 무질서하게 공간을 떠돌면서 서로 부딪히거나, 기체를 담아 놓은 통의 벽에 충돌한다. 기체의 압력은 이런 충돌로 생겨난다.

그의 가장 위대한 업적은 전기와 자기를 네 가지 방정식으로 일목요연하게 정리해냈다는 것이다. 이것이 바로 유명한 맥스웰 방정식이다. 그는 전자기에도 파동이 있음을 발견했는데, 이는 독일의 물리학자 하인리히 헤르츠의 실험으로 입증되었다. 전파, 극초단파, 뢴트겐선, 감마선 등은 맥스웰 덕분에 우리가 알게 된 전자기파들이다. 이밖에도 그는 빛이 전자기파의 파동임에 틀림없다고 확신했다.

에테르를 보는 맥스웰의 입장은 애매하다. 한편에서는 에테르를 적극 활용하면서도 다른 한편으로는 에테르를 아주 문제가 많은 과학적 가설이라고 깎아내리고 있기 때문이다. 그는 1879년 11월 5일 케임브리지에서 죽었다.

05 마이컬슨과 몰리의 실험

에테르 바람을 측정할 수 없는 이유

인생의 마지막 해인 1879년 제임스 클러크 맥스웰은 천문학자 데이비드 토드에게 보낸 편지에서 에테르 바람을 지구에서 측정한다는 것은 "불가능한 일"이었다고 털어놓았어. 토드의 동료인 젊은 물리학자 앨버트 마이컬슨은 편지의 내용을 전해 듣고 불가능한 측정을 가능하게 만들려는 일대 도전을 꿈꾸었지.

앨버트 마이컬슨은 벌써 오래전부터 학계의 주목을 받아온 인물이야. 1873년 그는 21살이라는 젊은 나이로 그때까지 가장 정확한 빛의 속도를 실험을 통해 계산해냈거든. 그가 계산한 값은 299,788,880m/s였지. 이는 오늘날 우리가 알고 있는 값에 비해 약 0.001% 정도 적은 것일 뿐이야. 당시 기술 수준으로 볼 때 놀라운 성과였지.

마이컬슨은 당시 유학을 하고 있던 베를린에서 에테르 바람을 측정하려는 첫 시도를 했어. 그러니까 1880년에서 1882년 사이의 일이야. 그는 물리학자들이 빛의 간섭이라고 부르는 효과를 이용할 천재적인 착상을 했지. 이를 위해서는 서로 다른 방향에서 에테르 바람을 통과하는 두 개의 광선을 쏘아야 하지. 그러니까 결국에는 두 개가 하나로 모이는 것이 되어야만 해. 다시 말해서 두 개의 광선이 서로 반대방향에서 오면서 같은 궤적을 그리며 하나의 선으로 결합하는 것이지. 마이컬슨이 이를 위해 만든 측정기계는 이해하기가 상당히 까다로워. 그러니 먼저 다른 상황을 살펴보도록 할게.

대서양의 바람 한 점 없는, 햇살이 따스한 봄날이었어. 바다는 거울처럼 잔잔하기만 했지. 거친 물살은 조금도 찾아볼 수 없을 정도였어.

등대의 꼭대기에서 등대지기는 멀리 세 척의 커다란 유조선들이 대서양 항로를 따라 항해하는 것을 보았어. 유조선들은 삼각대형을 이루며 30km/h의 일정한 속도로 동쪽을 향해 나아갔지. 맨 앞에 있는 배의 이름은 '베레니케Berenike' 였어. 뒤의 직선방향으로 정확히 4킬로미터 떨어진 곳에서는 '안드로메다Andromeda' 호가 '베레니케' 를 따랐어. '안드로메다' 와 코를 나란히 하면서 북쪽으로 정확히 4킬로미터 올라간 곳에는 '칼리오페Calliope' 호가 항해를 했지(그림 6, 위).

등대지기가 유조선들을 바라보고 있는 동안 안드로메다의 선장은 베레니케와 칼리오페의 두 선장들을 불러 조촐한 파티를 하고 싶어졌어. 그래서 선원 두 명을 각각 모터보트에 태워 이웃 배들에게 보냈지. 두 척의 보트는 모두 수면에 상대적으로 50km/h의 속도로 '안드로메다' 호에서 출발했어. 선원들은 조금도 시간을 허비하지 않고 '베레니케' 와 '칼리오페' 에 초대장을 전해준 다음 곧바로 모함으로 돌아왔어. 자, 어느

〈그림 6〉 세 척의 유조선은 대서양에서 똑같은 속도로 동쪽을 향해 항해하고 있다. 베레니케는 항해하는 내내 다른 두 척보다 동쪽으로 4킬로미터 앞서서 간다. 칼리오페는 안드로메다에서 북쪽으로 정확히 4킬로미터 떨어져 있다(위). 안드로메다에서 출발한 보트가 칼리오페로 가는 동안 유조선들도 항해를 계속한다. 그래서 보트는 칼리오페에 닿기 위해 대각선으로 나아갈 수밖에 없다. 보트가 출발할 때 안드로메다와 칼리오페의 위치 그리고 보트가 칼리오페에 도착했을 때의 위치를 이어 선으로 그린다면 직삼각형을 이루게 된다(아래).

쪽으로 갔던 모터보트가 먼저 돌아왔을까?

먼저 등대지기의 관점에서 '칼리오페'로 갔던 모터보트부터 살펴보자. 칼리오페 역시 보트가 다가오는 동안 쉬지 않고 계속 가고 있으므로 당연히 보트는 정북방향으로 가지 않아. 안드로메다에서 출발해 칼리오페에 이르기 위해 보트는 대각선 방향을 잡아야 하는 거지. 보트가 출발할 때의 안드로메다와 칼리오페 위치, 보트가 도착한 칼리오페의 위치를 각각 점으로 잡아 이으면 직각삼각형이 돼(그림 6, 아래).

어때, 자연스럽게 피타고라스의 정리가 떠오르지 않아? 보트가 출발할 당시의 안드로메다와 칼리오페 위치들을 이은 선을 x, 그동안 칼리오페가 진행한 거리를 y라 하고 보트가 안드로메다에서 칼리오페로 간 궤적을 z라 불러보자.

$$z^2=x^2+y^2$$

두 유조선들의 간격 x는 이미 알고 있지? 그건 4킬로미터였잖아. y와 z는 유조선과 보트의 속도와 운행 시간 등을 종합해서 계산해야만 해.

보트가 안드로메다에서 칼리오페까지 가는 데 걸린 시간을 t라고 나타내보자. 아직 우리는 이 시간이 얼마나 걸렸는지 몰라. 그냥 t라고 하고서 계산해보는 수밖에 없지.

유조선의 속도(v_0)는 30km/h였어. 그럼 칼리오페가 이 시간(t) 동안 운행한 구간 y는 다음과 같은 공식으로 계산해야겠지. 그러니까 유조선의 속도에 보트의 운행 시간을 곱하는 거야.

$$y=v_0\times t$$

보트가 달려간 구간 z도 이렇게 정리할 수 있어. 보트의 속도를 v_b라고 나타낸다면 다음과 같은 공식이 나오겠지.

$$z = v_b \times t$$

하지만 두 방정식만으로 y와 z의 값을 알아낼 수는 없어. 이 값을 얻으려면 단순히 v_0와 v_b라고 부르는 것뿐만 아니라, 실제 그 수치를 알아야 하니까. 아쉽지만 지금은 우리가 그 수치를 모르잖아.

그렇지만 세 개의 방정식들을 모두 함께 정리해 본다면 운행시간(t)을 알아낼 공식을 얻을 수 있어. 자, 이제 수학을 이용해보자.

먼저 첫 번째 방정식을 아래와 같이 바꾸어보자.

$$z^2 - y^2 = x^2$$

이제 나머지 두 방정식들의 각 변을 제곱하는 거야.

$$y^2 = v_o^2 \cdot t^2$$
$$z^2 = v_b^2 \cdot t^2$$

위 두 방정식의 우변들을 이제 처음 공식에 대입해봐.

$$v_b^2 t^2 - v_o^2 t^2 = x^2$$

이제 위 공식의 좌변에서 공통으로 들어 있는 t^2를 빼고 나머지를 괄호로 묶어보자.

$$(V_b^2 - V_o^2)t^2 = X^2$$

자, 그럼 괄호로 묶여 있는 것을 우변으로 넘겨볼까. 이제 공식은 다음과 같이 정리될 수 있어.

$$t^2 = \frac{X^2}{(V_b^2 - V_o^2)}$$

시간 t가 제곱으로 되어 있는 것을 거듭제곱근을 이용해 풀어버리자.

$$t = \sqrt{\frac{X^2}{V_b^2 - V_o^2}}$$

이제 우변에서 분모의 제곱은 간단하게 제거할 수 있지. 물론 분모는 아직 그대로 놔둬야 하지만 말이야.

$$t = \frac{X^2}{\sqrt{V_b^2 - V_o^2}}$$

앞서 우리는 문제를 풀기 위해 피타고라스의 정리를 이용할 생각을 했었지. 피타고라스의 정리가 무엇인지 아리송한 친구는 다음 설명을 보면 쉽게 기억을 떠올릴 수 있을 거야.

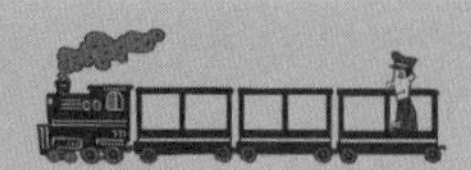

a라는 숫자를 거듭 곱한 값을 b라고 한다면, 이를 나타내는 수학 공식은 a · a = b 혹은 다음과 같이 나타낼 수 있어.

$$a^2=b$$

여기서 a^2이라는 것은 "a 제곱"이라고 읽어. 그냥 a에다가 a를 곱했다는 말이야. 어려울 건 하나도 없어. 예를 들어 $3^2=9$이고 $1.2^2=1.44$이지. 이런 계산법을 "제곱하다"라고 하는 거야.

종종 거꾸로 계산하는 게 문제가 되기도 해. x라는 숫자가 어떤 숫자를 제곱해서 나온 것인지 알아보려고 할 때, 사용하는 수학 공식은 다음과 같아.

$$\sqrt{x} = y$$

$\sqrt{x}$ 는 "x의 제곱근"이라고 읽어. 예를 들어 4의 제곱근은 2이고, $\sqrt{4} = 2$ 라고 쓰지. 이유는 간단해. 4는 2에다가 2를 곱해서 나온 값이니까. 예를 더 들어볼까. '$\sqrt{16} = 4$' 이지. 왜냐고? 4에다가 4를 곱하면 16이니까. $\sqrt{25} = 5$야. $5\times5=25$이니까. 그러나 대부분의 경우 제곱근은 하나의 온전한 수로 떨어지지 않아. 그 좋은 예가 $\sqrt{10} = 3.162277$ 이지. 이런 제곱근은 물론 암산으로는 계산하기가 아주 어렵지. 그렇지만 계산기를 쓰면 소수점 몇 자리까지 정확하고 빠르게 알아볼 수 있어.

하나의 수를 제곱근으로 얻어낸 것을 다시 제곱하거나, 하나의 정수를 제곱한 것을 다시 루트로 나누면 제곱과 루트는 사라지고 언제나 그 정수 자체만 남아. 이 말이 복잡하면 다음 공식을 보자.

$$(\sqrt{x^2}) = (\sqrt{x})^2 = x$$

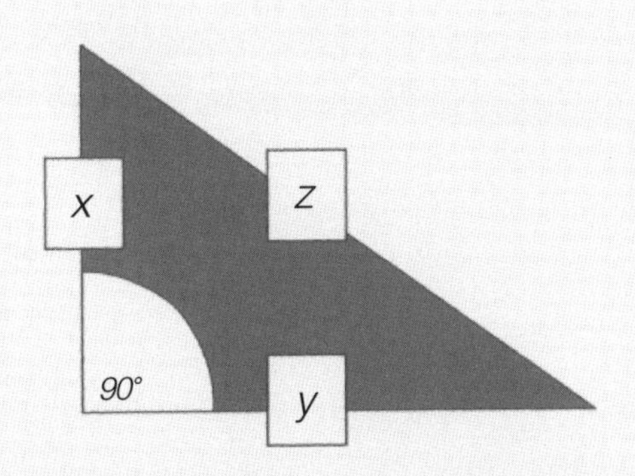

세 개의 각들 가운데 하나가 90°를 이루는 삼각형을 우리는 직각삼각형이라고 불러. 그런 삼각형의 세 변은 서로 아주 간단한 관계를 이루고 있지. 이 관계를 우리는 고대 그리스 수학자인 피타고라스Pythagoras의 이름을 따서 '피타고라스의 정리'라고 불러. 우리는 서로 만나 직각을 이루는 두 개의 짧은 변을 각각 x와 y로 부르기로 하자. 빗변을 이루는 긴 선은 z라고 부를 거야. 이 알파벳들을 가지고 피타고라스 정리를 나타내면 다음과 같아.

$$x^2+y^2=z^2$$

이 공식을 제곱근을 이용해 풀어버리면 다음과 같은 식이 나오겠지.

$$\sqrt{x^2+y^2}=z$$

이로써 두 개의 짧은 변들의 길이를 알면 빗변의 길이는 자동으로 알아낼 수 있어. 예를 들어 짧은 변 x가 3이고, 긴 변 y가 4라면, 빗변의 길이는 다음처럼 계산할 수 있지.

$$\sqrt{3^2+4^2}=\sqrt{9+16}=\sqrt{25}=5$$

자, 이제 앞서 보트가 운행한 시간을 알아내기 위해 정리한 공식에 우리가 이미 알고 있는 사실들, 즉 유조선들 사이의 간격과 각각의 속도들을 넣어보면 다음과 같이 계산할 수 있어.

$$t=\frac{4km}{\sqrt{(50km/h)^2-(30km/h)^2}}=0.1h=6min$$

그러니까 모터보트는 안드로메다에서 칼리오페까지 가는 데 6분이라는 시간이 걸린 거야. 똑같은 거리를 되짚어 와야 하니까, 보트가 운항하는 데는 모두 12분이라는 시간이 필요했겠지.

그럼 이제 두 번째 보트를 살펴볼까. 보트가 안드로메다에서 베레니케까지 갔다가 되돌아오는 시간을 계산하기 위해 약간 기술을 부려보는 것도 나쁘지는 않을 거야. 그러니까 이제 등대지기의 눈으로 보는 게 아니라, 세 명의 선장들 눈으로 보자는 말이지. 유조선들은 v_o라는 일정한 속도로 잔잔한 바다를 헤치며 동쪽으로 항해하고 있어. 그렇다면 바다 역시 V_o라는 속도로 유조선의 뱃머리를 서쪽으로 때리겠지.

배 위에 탄 사람들은 배가 아니라 꼭 바다가 움직이는 것처럼 생각하잖아. 또 이렇게 보는 게 나쁠 것도 없어. 물론 배가 물살을 헤치고 나아가는 것이지, 거꾸로 물살이 배를 실어다주는 것은 아니지만 말이야. 하지만 어쨌든 결과는 같잖아. 상대적인 관점이라는 게 어떤 차이를 갖는지 설명해보고 싶어서 그래(이렇게 보자면 등대도 V_o의 속도로 서쪽으로 가고 있지).

안드로메다를 출발한 보트는 베레니케로 가는 동안 물살을 거슬러 올라가야 해. 베레니케가 만들어낸 물살과는 반대방향으로 가는 것이니 말이야.

물살에 상대적인 보트의 속도를 v_b라고 불러보자. 세 척의 유조선들에서 보자면 보트는 물살의 저항을 받는 만큼 v_o보다 느린 속도를 갖겠지. 이 속도를 v_1이라고 한다면 다음과 같은 공식을 생각할 수 있어.

$$V_1 = V_b - V_o$$

운행시간을 알아내려면 왕복 거리를 속도로 나눠야 해. 안드로메다와 베레니케의 간격은 언제나 정확히 4킬로미터(x)이니까, 일단 보트가 베레니케로 간 운행시간 t_1는 다음 공식으로 나타낼 수 있어.

$$t_1 = \frac{X}{V_1}$$

속도 v_1을 이제 보트의 속도와 물살의 저항 속도로 바꿔 넣어보자.

$$t_1 = \frac{X}{V_b - V_o}$$

보트가 초대장을 건네주고 되돌아오는 과정도 비슷하게 계산할 수 있어. 이제는 보트가 베레니케가 쏟아내는 물살을 타고 내려간다는 점을 함께 계산에 반영해야겠지. 유조선의 선장들이 보기에 보트는 보트만의 속도 v_b가 아닌, 물살의 속도를 더한 것을 가질 테니까 말이야. 이 속도를 v_2로 나타내보자.

$$v_2 = v_b + v_0$$

이렇게 본다면 돌아오는 길의 운행시간 t_2는 다음과 같이 계산할 수 있을 거야.

$$t_2 = \frac{X}{V_2} = \frac{X}{V_b - V_o}$$

보트가 안드로메다에서 베레니케까지 그리고 다시 안드로메다로 돌아오는 전체 운행시간을 계산하기 위해서는 이제 각각의 운행시간들을 더해야겠지.

$$t = t_1 + t_2$$

이제 위의 공식에 앞서 생각한 모든 것을 넣어보자.

$$t = \frac{X}{V_b - V_o} + \frac{X}{V_b - V_o}$$

이 공식에 유조선들의 간격과 실제 속도를 넣어보면 운행시간을 계산할 수 있어.

$$t = \frac{4km}{50km/h-30km/h} + \frac{4km}{50km/h+30km/h} = 0.25h = 15min.$$

그러니까 대각선으로 칼리오페 호에 갔다온 보트보다 직선 방향으로 물살을 거스르고 또 물살을 타며 운행한 보트의 시간이 3분 더 걸린 셈이야.

이제 다시 앨버트 마이컬슨의 에테르 바람 측정 문제로 되돌아가볼까. 아마도 마이컬슨은 이렇게 이야기할 거야. "보트가 대서양을 달리는 것은 빛 입자가 에테르를 달리는 것과 똑같다." 그래서 마이컬슨은 보트의 운행을 그대로 닮은 실험을 하기로 했어. 램프에서 나오는 빛을 에테르 바람에 정반대 방향으로 보내는 거야(그림 7).

빛 입자들은 램프에 가까이 있는 빛 분산 장치 A를 통과하게 돼. 빛 분산 장치란 반투명한 거울과 같은 거야. 램프에서 나오는 빛 입자들을 나누어 주는 역할을 하지. 빛 입자의 반은 거울을 그대로 통과하고, 나머지 반은 반사되어 에테르 바람에 직각을 이루며 날아가게 돼. 이처럼 빛 입자들을 동시에 여러 방향으로 보내는 빛 분산 장치는 아까 우리의 예에서 유조선 안드로메다와 같아.

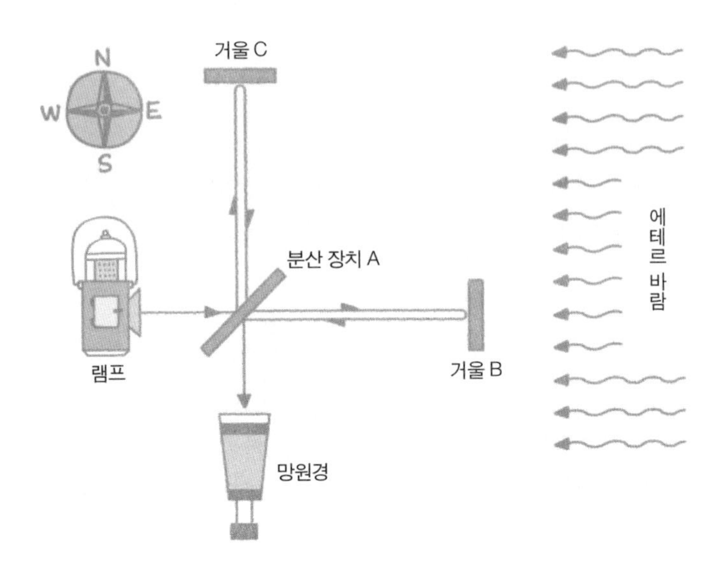

〈그림 7〉 마이컬슨 · 몰리 실험. 램프에서 나온 빛 입자는 분산 장치 A를 통과하며 흩어진다. 절반은 분산 장치를 통과하며, 나머지 절반은 90° 위로 반사된다. 입자들은 각각 같은 길이를 거쳐 거울 B와 거울 C에 가닿는다. 거기서 반사된 입자들은 다시 분산 장치로 돌아온다. 빛의 일부는 분산 장치를 거쳐 망원경에 닿으면서 간섭 현상을 일으킨다. 이 전체 실험은 에테르 바람을 염두에 두고 한 것이다.

안드로메다도 보트들을 여러 방향으로 보냈잖아. 반으로 나뉜 빛 입자들은 정확히 같은 간격으로 떨어져 있는 거울 B와 거울 C에 각각 반사되지. 그러니까 거울 B는 베레니케 호이고, 거울 C는 칼리오페 호가 되는 셈이야. 거기서 반사된 빛 입자들은 다시 처음 궤도를 그대로 밟아 빛 분산 장치로 되돌아와.

에테르 바람과 정반대 방향으로 날아갔던 빛 입자는 이제 그 방향을 그대로 따라 되돌아오지. 나머지는 갈 때와 마찬가지로 올 때도 에테르 바람과 직각을 이뤄.

빛 분산 장치는 도착한 빛 입자들을 다시금 분산시켜. 이제 두 부분 가운데 한쪽은 램프로 가겠지. 이 부분은 우리에게 별로 중요한 게 아니야. 남은 한쪽은 빛 분산 장치를 거쳐 망원경으로 들어갈 거야.

이 실험을 바다를 향해하는 유조선들과 비교해 보자. 그러니까 에테르 바람은 바다인 셈이며, 빛 입자들은 보트와 같아.

대서양의 유조선과 보트	에테르에서의 빛 입자들
등대지기 관점에서 보면 대서양은 잔잔하다.	에테르는 잔잔하다.
보트는 대서양 수면에 상대적으로 V_b라는 속도를 갖는다.	빛 입자들은 에테르에 상대적으로 c라는 속도를 갖는다.
세 척의 유조선들은 서로 일정한 간격 x를 갖는다.	분산 장치와 두 거울은 서로 일정한 간격 x를 갖는다.
등대지기의 관점에서 세 척의 유조선들은 모두 일정속도 V_o로 운항한다.	분산 장치와 거울들을 가진 지구는 V_e라는 속도로 에테르를 지나고 있다.
유조선 선장들의 관점에서 대서양의 물은 V_o라는 속도로 유조선을 거스르고 있다.	지구의 관점에서 보면 에테르는 V_e라는 속도로 맞바람을 불어주고 있다.

유조선 선장의 관점으로 보면 한 척의 보트는 안드로메다를 출발해 칼리오페까지 대각선으로 거슬러 올라간다. 이때 걸리는 시간은 다음과 같다. $t=\frac{2X}{\sqrt{V_b^2 - V_o^2}}$	지구 쪽에서 본다면 빛 분산 장치를 통과한 일부 입자들은 에테르 바람에 대각선으로 거스르며 거울 c에 갔다가 다시 빛 분산 장치로 돌아온다. 걸리는 시간은 다음과 같다. $t=\frac{2X}{\sqrt{C^2 - V_e^2}}$
유조선 선장의 관점으로 보면 다른 보트는 안드로메다를 출발해 물살을 거스르며 베레니케로 갔다가 다시 물살을 타고 안드로메다로 돌아온다. 걸리는 시간은 다음과 같다. $t=\frac{X}{V_b - V_o}+\frac{X}{V_b + V_o}$	지구의 관점에서 보면 빛 입자의 일부는 분산 장치를 거쳐 에테르 바람을 거스르며 거울 B로 갔다가 다시 에테르 바람을 타고 분산 장치로 되돌아온다. 걸리는 시간은 다음과 같다. $t=\frac{X}{C - V_e}+\frac{X}{C + V_e}$
대각선으로 운항한 보트는 모함 안드로메다에 다른 보트보다 일찍 도착했다.	에테르 바람에 직각을 이루며 날아간 빛 입자는 분산 장치에 다른 빛 입자보다 빠르게 도착했다.

거울 B를 향해 날아갔던 빛 입자는 거울 C로 갔던 것에 비해 좀 더 늦게 망원경에 도착할 거야. 하지만 이 시간 차이는 지극히 작아. 측정이 어려울 뿐 아니라 19세기 말엽에는 이런 차이를 측정할 시계도 없었어. 여기서 마이컬슨은 천재적인 발상을 했지. "두 빛들로 하여금 간섭 현상을 일으키게 하자!" 대체 무슨 뜻일까?

두 개의 광선이 동시에 같은 궤도를 이용한다면, 이것들은 하나의 광선으로 통일이 돼. 마이컬슨의 실험에서는 분산 장치에서 망원경으로 이르는 사이에 이런 통일이 일어나겠지. 이때 물리학자들이 간섭 현상이라고 부르는 게 생겨나. 지금 우리의 문제를 다루는 데는 이 간섭 현상이 무엇인지 자세히 알 필요는 없어. 다만 중요한 것은 망원경으로 두 빛을 관찰할 수 있으며, 이렇게 해서 거울 B로 갔던 빛 입자가 거울 C로 갔던 것에 비해 얼마나 늦게 도착하는지 정확하게 볼 수 있다는 점이야.

물론 베를린에서 실험할 당시 마이컬슨은 에테르 바람이 어느 방향으로 부는지 알 수가 없었어. 그래서 실험 장치를 회전할 수 있게 만들었지. 모든 방향에서 실험을 할 수 있게 말이야. 하지만 측정 기구는 너무 부정확했어. 분산 장치와 거울들 사이의 간격이 너무 짧았고, 방향을 바꿀 때마다 일일이 다시 조정을 해줘야 했지. 베를린의 교통 상황도 실험을 어렵게 만드는 데 한 몫 했어. 한밤중에도 거리를 오가는 차량들이 너무 많은 탓에 진동이 심해서 정확한 측정을 할 수 없었지.

이 유명한 실험은 1887년부터 비로소 성공할 수 있었어. 클리블랜드에 있는 응용과학 케이스 대학에서 학생들을 가르치던 마이컬슨은 가까이 있는 웨스턴 리저브 대학교의 화학자 에드워드 윌리엄 몰리와 더불어 실험을 시도했어. 이들은 함께 힘을 모아 실험을 개량했으며, 베를린에서의 실수와 허점을 보완했지. 커다랗고 묵직한 사암 석판 위에 측정 도구들을 고정시켰으며, 이것을 수은으로 채운 통 안에 띄웠어(수은은 상온에서 액체 상태를 유지하는 금속으로 심지어 그 위에 바위를 둥둥 띄울 수도 있지). 지면에서 전해지는 진동을 줄이기 위해 택한 방법이야. 분산 장치와 거울들 사이의 거리는 훨씬 더 멀리 잡았어.

1887년 7월 8일 마침내 실험이 시작되었지. 닷새 동안 12시와 18시에 측정을 했어. 결과는 놀라웠어. 그만큼 마이컬슨과 몰리의 실망은 크기만 했지. 물론 이들의 실험을 지켜보던 자연과학계도 믿기 어렵다는 듯 눈을 껌뻑이기만 했어. 어느 쪽으로 방향을 잡든 빛 입자들은 동시에 망원경을 통과한 거야! 마이컬슨과 몰리는 몇 차례나 그리고 계절이 바뀔 때마다 같은 실험을 반복했지만, 결과는 항상 똑같았어. 에테르 바람이 분다는 것을 증명할 수가 없었지.

마이컬슨과 몰리는 실험이 실패했다고 낙담했지만, 과학의 눈으로 보면 실험은 대성공이었어. 물리학의 역사에서 이 실험처럼 부정적으로 진행된 실험이 막중한 긍정적 결과를 불러온 일은 그야말로 전무후무해. 1887년 마이컬슨과 몰리는 불과 몇 년 뒤 아인슈타인이 자신들의 실험을 가지고 상상조차 할 수 없었던 결론을 이끌어 내리라는 것을 짐작하지 못했어.

마이컬슨과 몰리의 실험은 왜 수포로 돌아간 것일까? 당시 그 원인을 밝혀보기 위해 많은 시도를 했지. 그중 가장 간단한 설명은 지구가 정지해 있고 우주가 지구 주위를 복잡한 궤도를 그리며 돌고 있다는 것일 거야. 실험을 이렇게 해석하면 영원히 흘러간 노래(천동설)를 불러대는 소수파야 좋아하겠지만, 과학적으로야 전혀 근거가 없는 것이지.

다른 설명은 마이컬슨 자신이 직접 했어. "에테르는 화물열차 안에 갇혀버린 공기처럼 지구에 의해 꼼짝도 하지 않고 있는 게 분명하다. 그래서 실험은 지구에 상대적으로 정지해 있는 에테르 안에서 이뤄진 모양이다." 하지만 이런 설명은 마이컬슨 자신이 직접 한 다른 실험에 의해 잘못된 것으로 밝혀졌어.

가장 놀랍고도 과감한 설명을 한 사람은 아일랜드 출신의 물리학자 조지 프랜시스 피츠제럴드George Francis Fitzgerald일 거야. "아마도 에테르 바람은 그에 맞서는 모든 것들을 너무 세게 불어버림으로써 바람이 부는 방향으로 서로 압착되게 만드는 모양이냐."

그래서 마이컬슨과 몰리의 실험에서 분산 장치와 거울 B 사이의 거리가 짧아지는 바람에 빛 입자가 왕복하는 데 시간이 덜 걸리는 것 같다고 짐작한 거야. 피츠제럴드의 생각에 따르면 짧아지는 정도가 워낙 크기 때문에 빛 입자가 에테르 바람에 종과 횡으로 왕복하는 시간이 같아졌다는 거지.

실제로 길이를 재보면 피츠제럴드의 설명이 맞는지 확인할 수 있지 않으냐고 의견을 제시할 수 있어. 하지만 유감스럽게도 그런 측정은 불가능해. 실제로 자를 들이대고 재려고 해도 에테르 바람이 부는 방향으로는 똑같이 길이가 짧아질 테니 말이야. 다른 측정 방법들도 똑같은 이유로 통하지 않아. 측정을 한다는 것은 하나의 길이를 다른 길이와 비교하는 일인데, 모든 길이가 에테르 바람에 의해 짧아지는 통에 실제 길이를 확인할 방법이 없지. 이렇게 해서 우리는 다시 푸앵카레의 생각 실험으로 되돌아가게 돼. 일제히 커졌다가 한꺼번에 줄어드니 도대체 무엇과 무엇을 비교하겠어?

마이컬슨과 몰리의 실험이 수포로 돌아가고 난 다음, 물리학자들은 에테르 생각만 하면 머리가 지끈지끈 아팠지. 도대체 이 에테르라는 놈이 어떻게 생겨먹었는지 알 방법이 없었거든.

영국의 위대한 수학자이자 철학자인 버트런드 러셀Bertrand Russell은 이런 상황을 루이스 캐럴의 아동소설 『거울 나라의 앨리스』에 나오는 백기

사의 노래로 묘사했어.*

수염을 녹색으로 물들이려
안간힘을 쓰면서도
부채로 수염을 가리는
어처구니 없는 짓을 하고 있구나.

앨버트 마이컬슨과 에드워드 몰리의 유명한 실험이 끝난 지 18년이라는 세월이 흐르며 그 실패 원인을 밝히려는 시도들이 끊이지 않았지만, 여전히 해결되지 않는 물음에 물리학자들은 불만스럽기만 했어. 마침내 1905년 스위스 특허청에서 조수로 일하던 26세의 청년 알베르트 아인슈타인이 혜성처럼 나타나 해결책을 제시해 과학계를 깜짝 놀라게 만들었지.

아인슈타인의 이론으로 들어가기 전에, 먼저 이 젊은 천재의 성장과정을 짧게나마 살펴보자.

* Lewis Carroll(1832~1898) 『이상한 나라의 앨리스』를 쓴 영국의 동화 작가 겸 수학자이다. 루이스 캐럴은 필명이며, 본명은 찰스 루트위지 도지슨이다. 본문에서 언급하고 있는 작품의 원제는 『Through the Looking-Glass and What Alice Found There』로 체스에 빗대 반대의 관점에서 보는 게 어떤 것인지 풀어나가는 소설이다.

앨버트 에이브러햄 마이컬슨

Albert Abraham Michelson(1852~1931)

그는 1852년 12월 19일 프로이센의 슈트렐노라는 곳에서 태어났다. 그의 가족은 1855년 미국으로 이민을 갔다. 1869년에서 1873년까지 그는 아나폴리스의 해군사관학교에서 공부를 했다. 2년 동안 해군 복무를 한 그는 이후 몇 년 동안 해군사관학교에서 물리학과 화학을 가르쳤다. 1880년에서 1881년에 걸쳐 그는 유럽으로 가 파리, 베를린, 하이델베르크 등지에 머물며 광학을 더욱 깊이 있게 연구했다. 미국으로 돌아온 그는 1882년 클리브랜드 대학교의 물리학 교수가 되었다. 1889년에는 우스터 대학교로 자리를 옮겼으며, 1929년에는 마침내 패서디나에 있는 〈마운트윌슨 천문대〉로 갔다. 고도의 정밀성을 자랑하는 광학 측정 기구의 개발과 이를 가지고 성공적으로 수행한 측정 결과를 인정받아 1907년 노벨 물리학상을 받았다.

그가 최초로 올린 과학적 성공은 1878년 당시 가장 정확한 광속 측정 결과를 내놓은 것이다. 2년 뒤 그는 자신의 이름을 딴 마이컬슨 간섭계라는 장치를 개발해 지구가 에테르에 상대적으로 갖는 속도를 측정하려 했다. 하지만 베를린에서 한 측정은 실패로 끝났다. 1887년 그는 동료인 에드워드 윌리엄 몰리와 함께 더욱 정밀한 기계를 만들어 측정을 시도했다. 그러나 에테르 바람을 측정하는 일은 이번에도 실패로 돌아갔다. 하지만 마이컬슨의 이 실패야말로 알베르트 아인슈타인이 상대성 이론을 다듬게 만든 첫 번째 계기였다. 1903년과 1927년에는 각각 그의 대표작 『빛 파동과 그 응용』과 『광학 연구』를 발표했다.

06 알베르트 아인슈타인

세계를 놀라게 한 젊은 천재의 등장

헤르만Hermann과 파울리네 아인슈타인Pauline Einstein은 유대인의 혈통을 이어받았어. 부부는 울름Ulm에 살면서 1879년 3월 14일 아들 알베르트를 낳았지. 1년 뒤 가족은 울름을 떠나 뮌헨으로 이사를 갔어. 헤르만은 동생 야코프Jakob와 힘을 모아 뮌헨에서 〈전기기술 공장 J. 아인슈타인 & Cie. 뮌헨〉이라는 이름의 회사를 세웠지. 이듬해 알베르트의 여동생 마야Maja가 세상에 태어났어. 알베르트와 마야는 아인슈타인 집안의 유일한 자손이야.

파울리네 아인슈타인은 아주 좋은 가문 출신이야. 어머니는 아들에게 일찍부터 음악 사랑을 일깨워줬어. 여섯 살 때 이미 알베르트는 바이올린 레슨을 받았지. 나중에 어른이 되어 그는 어디에 내놔도 손색이 없는 연주솜씨를 자랑하는 아마추어 음악가가 되었지. 엔지니어였던 삼촌

야코프는 알베르트가 일곱 살이 되자 수학을 가르치기 시작했는데, 금새 기하학도 소화할 정도로 그는 뛰어났다고 해.

뮌헨에는 유대인을 위한 초등학교가 없었던 탓에 알베르트는 가톨릭이 운영하는 장크트페테르스 학교에 다녔어. 알베르트의 성적은 아주 뛰어났지. 물론 당시 독일 학교에서 흔히 그렇듯 엄격한 규율을 강조하고 매부터 드는 무서운 선생님들을 소년 알베르트는 몹시 싫어했지만 말이야. 나중에 어른이 된 후, 알베르트는 초등학교 시절의 선생님들을 두고 늘 군대 하사관 같았다고 말하곤 했어.

1888년부터는 루이트폴트 김나지움을 다녔어. 신문이나 책들을 보면 흔히 아인슈타인을 두고 성적이 좋지 않은 못난 학생이었다고 이야기하는데, 이는 사실과 달라. 그는 반에서 제법 나이 차이가 나는 가장 어린 학생이었음에도 그의 성적은 항상 최상위권에 속했어.

12세가 된 알베르트는 피타고라스의 정리를 두고 생각을 했어. 그는 나중에 이런 이야기를 했지. "한동안 머리를 싸매고 노력을 한 끝에 피타고라스 정리를 실제로 증명할 수 있었죠."

아인슈타인 집안은 당시 유대인 가정이 흔히 그랬듯 어느 가난한 의대생에게 공짜로 숙식을 제공해줬어. 막스 탈마이Max Talmey라는 이름의 이 대학생은 고마운 나머지 13세의 알베르트에게 수학과 물리학 그리고 철학을 기초부터 가르쳐줬지.

아인슈타인 형제가 운영한 공장은 주로 전기 발전기를 생산하면서, 오랫동안 남부 독일의 전기산업을 이끄는 선두 그룹에 속했어. 1892년 뮌헨에 도로 전기 가로등을 도입하기로 한 결정이 나자, 회사는 AEG, 지멘스&할스케, 슈커르트&Co. 등 쟁쟁한 기업들과 어깨를 나란히 하고 공개입찰에 참여했어. 엄청나게 큰 규모의 공사였기에 이것만 따내면 대성공을 거둘 수 있었지. 하지만 아인슈타인 & Cie.은 계약을 따내지 못했어. 이때부터 회사는 내리막길을 걷기 시작했지. 그러다가 회사는 이탈리아 북부로 옮겨갔어. 거기서 더 나은 기회를 잡을 수 있다고 보았기 때문이야. 1894년 여름 아인슈타인 가족은 밀라노로 이사를 갔지.

알베르트는 김나지움에서 3년을 더 채우고 졸업을 하기 위해 뮌헨에 홀로 남았어. 하지만 담임선생님과 심한 갈등을 겪었다고 해. 마침내 1894년 성탄절을 얼마 남겨 놓지 않은 어느 날 두 사람은 큰 말다툼을 벌였다더군. 아인슈타인은 나중에 이 상황을 다음과 같이 설명했어. "잘못한 게 없다는 내 말에 선생은 이렇게 대답했다. '네가 있는 것만으로도 반 전체가 꼴도 보기 싫어져.'"

곧바로 학교를 그만 둔 알베르트는 밀라노의 부모에게로 갔어. 아버지는 당장 아들의 독일국적 포기신청서를 제출했고, 알베르트는 유대교 신앙공동체에서도 탈퇴를 했어.

1년 동안 아무것도 하지 않고 꼼짝없이 지내던 알베르트는 취리히에 있는 연방 폴리테크닉 대학교에 입학 신청서를 냈어. 하지만 김나지움을 졸업하지 않았기 때문에 대학입학자격시험인 아비투어Abitur를 치르지 않았던 그는 입학시험을 따로 봐야만 했지. 시험은 일반교양과 수학 · 자연과학 두 가지로 이뤄져 있었어. 알베르트는 두 번째 과목에서만 합격해 아비투어를 따로 치르기 전에는 입학을 할 수가 없었지. 그래서 그는 취리히에서 서쪽으로 약 50킬로미터 떨어진 아라우라는 작은 도시에 있는 김나지움에 입학했고, 1년 만에 아비투어를 따냈어.

1896년 알베르트는 마침내 취리히 폴리테크닉에서 공부를 시작할 수 있었지. 대학 생활 4년은 별로 두드러질 게 없는 평범한 세월이었어. 알베르트는 1900년 8월 수학과 물리학 전공 교사로 일할 수 있는 석사 학위를 받았지. 성적은 평균 4.91점이었어(당시 만점은 6.00이야). 이 정도 성적이면 교수에게서 조교 자리를 따내는 네는 아무런 문제가 없었어. 또한 같이 졸업한 학생들도 대개 조교 자리를 얻었지. 그러나 아인슈타인은 매번 거절 통보를 받았어. 그의 두뇌가 문제라기보다는 성격적인 결함이 있었기 때문이야. "자네는 똑똑한 청년이지. 그런데 자네에게는 한 가지 문제가 있어. 입을 꾹 다물고 도무지 아무런 말을 하지 않더군!"

나중에 아인슈타인은 자신의 취리히 시절을 두고 이런 말을 했어. "당시 나는 말이 없고 무뚝뚝하기만 했다. 다른 사람들에게 별로 환영을 받지 못했다." 아마도 뮌헨에서 '왕따' 당하던 기억 때문이었을 거야.

폴리테크닉의 모든 교수들과 유럽 절반의 교수들이 조교로 받아들이기를 거부하자, 아인슈타인은 그저 하잘 것 없는 보조 연구원과 가정교사 자리를 찾아 전전할 수밖에 없었어. 아예 일자리를 찾지 못하는 경우도 많았지. 그렇지만 대학을 졸업하고 보낸 첫 2년 동안 아인슈타인은 벌써 몇 가지 성공을 거두었어. 첫 번째 과학 논문이 유명학술지에 전격 게재되는 영광을 누린 거야. 논문의 제목은 『모세관 현상에서 얻어낸 결론』으로 1900년 〈물리학 연보〉지에 발표되었어. 그리고 1901년에는 스위스 국적을 정식으로 취득했지.

결국 아인슈타인은 학창 시절의 친구인 마르셀 그로스만의 도움을 받아 취직할 수 있었어. 스위스 특허청의 청장 프리드리히 할러와 절친한 사이였던 마르셀의 아버지가 친구를 설득해 특허청에 빈자리가 생기면 아인슈타인을 한 번 면접해 보라고 했던 거야. 얼마 뒤 아인슈타인은 실제로 면접 초대장을 받았고, 면접은 성공적이었지. 1902년 6월 23일 아인슈타인은 제3급 기술 문제 전문가로 베른의 특허청에서 근무하게 되었어.

폴리테크닉을 다니던 시절 아인슈타인은 자신보다 네 살 많은 밀레바 마리치라는 이름의 여자와 알고 지냈어. 그녀는 헝가리 국적을 가지고 있었지만, 언어상으로 보면 세르비아 출신이야. 그녀는 아인슈타인과 마찬가지로 물리학과 수학을 전공했지. 그들은 단순히 알고 지내는 사이를 넘어 깊은 우정을 키워나갔지. 하지만 아인슈타인의 어머니는 밀레바를 무척 못마땅하게 여겼어. 1902년 1월 밀레바는 노비사드Novi Sad의 부모 집에서 딸 리저를Lieserl을 낳았지. 하지만 결혼도 하지 않고 낳은 아이가 어떻게 되어 버렸는지 소식을 들은 사람은 아무도 없어. 아마도 아인슈타인 집안의 강권으로 아이는 입양을 시켜버린 모양이야.

알베르트 아인슈타인과 밀레바 마리치는 1903년 1월 6일 마침내 결혼에 성공했고, 같은 해에 아들 한스 알베르트Hans Albert가 태어났지. 이 시절 아인슈타인은 베른의 특허청에서 박봉을 받는 말단 관리로 힘겨운 나날을 보내야만 했어. 특허청에서 긴 하루 일과를 보내며 이론만이 아닌 과학의 현실과 맞서야만 했지. 하지만 그렇다고 포기할 아인슈타인이 아니었어. 저녁 시간에 집에서 이론 물리학 연구에 몰두했지. 〈물리학 연보〉에 발표된 수많은 과학 논문들은 바로 이 시절에 탄생했어.

1905년은 과학에게 기념비적인 해야. 물리학자들은 나중에 1905년을 아인슈타인이 낳은 '아누스 미라빌리스Annus mirabilis', 즉 '기적의 해'라고 불렀어. 1905년에 아인슈타인은 다섯 편의 논문을 발표했거든. 첫 번째 논문의 제목은 『분자 차원의 새로운 결정』으로, 취리히 대학교에 제출한

박사 학위 논문이야. 두 번째 것은 『빛의 생산과 변환에 해당하는 발견적 관점에 관하여』라는 제목으로, 1921년 아인슈타인에게 노벨상을 안겨준 역작이야. 세 번째 논문은 『열의 분자 운동 이론에 의해 요구된, 정지된 액체 상태에 있는 분자들의 운동에 관하여』로 이 논문을 통해 아인슈타인은 분자의 존재를 입증했어. 그러나 이는 이미 몇 년 전 미국의 물리학자 조사이어 윌러드 기브스Josiah Willard Gibbs(1839~1903)가 발표한 내용이었는데, 아인슈타인은 그런 사실을 알지 못했을 뿐이야. 『운동 물체의 전기역학에 관하여』라는 짤막한 제목의 네 번째 논문은 아인슈타인에게 세계적인 명성을 주었어. 이 논문은 바로 아인슈타인의 '특수상대성 이론'을 담고 있기 때문이야. 다섯 번째 논문은 단지 세 쪽으로만 이뤄진 『어떤 물체의 관성은 그 에너지양에 의존하는가?』였는데, 이 논문을 통해 아인슈타인은 그의 유명한 방정식 '$E=mc^2$'을 처음으로 선보였지.

이 책에서 아인슈타인이 1905년에 발표한 논문들 가운데 네 번째와 다섯 번째 것들을 집중적으로 다뤄볼 생각이야.

상대성 이론은 천천히, 그러나 확실하게 물리학자들의 관심을 끌기 시작했지. 베를린의 이론 물리학 정교수이자 1919년 노벨상 수상자인 막스 플랑크Max Planck(1858~1947)는 상대성 이론이 가진 중요성을 처음으로 알아보았어. 1906년에 이미 플랑크 교수는 당시 가장 비중 있는 과학자 대회라 할 수 있는 '독일 자연과학자와 의사 연례 총회' 에서 상대성 이론을 소개하는 강연을 했을 정도야. 나중에 노벨상을 받는 막스 폰 라우에Max von Laue(1879~1960)와 막스 보른Max Born(1882~1970)은 베른으로 아인슈타인을 찾아와 그의 새로운 학설을 자세히 알고자 노력했지. 취리히 출신으로 한때 아인슈타인에게 수학을 가르쳤으며, 그 사이 괴팅겐의 교수가 되었던 헤르만 민코프스키Hermann Minkowskii(1864~1909)는 상대성 이론을 철저하게 연구해 본 다음, 가장 열렬한 추종자들 가운데 한 사람이 되었어. 뮌헨 대학교의 이론 물리학 교수인 아르놀트 조머펠트Arnold Sommerfeld(1868~1051)는 1906년 '독일 자연과학자와 의사연례총회'에서 상대성 이론이 잘못되었다는 공격을 했으나, 1907년부터는 가슴 깊이 이론에 매혹된 나머지 아인슈타인의 가장 충실한 친구가 되기도 했어.

그동안 물리학자들은 입만 열었다 하면 상대성 이론을 이야기했지만, 그들 가운데 아인슈타인을 개인적으로 알고 있는 사람은 찾아보기 힘들었어. 과학자 대회가 열려도 아인슈타인은 참석을 할 수가 없었거든. 베른의 특허청에 근무하느라 시간을 낼 수 없었으니까. 아인슈타인은 그저 일주일에 엿새씩 그것도 매일 여덟 시간 동안 사무실 책상에 앉아 특허 신청을 처리해야만 했어. 20세기의 가장 위대한 과학적 발견이 직장에서 고된 근무를 마치고 여가시간에만 연구를 할 수 있는 물리학자에 의해 만들어졌다니, 이 무슨 역사의 장난일까. 그만큼 아인슈타인은 위대한 천재라는 반증이 아닐까!

말이 나왔으니 짚고 넘어가자면 아인슈타인은 1906년 4월 1일 특허 취급 제2급 전문가로 승진을 했어. 하지만 이런 진급은 상대성 이론과는 아무런 관계가 없는 일이야. 오로지 특허청에서 열심히 일한 공로를 인정받은 결과일 따름이지.

1906년 1월 15일 아인슈타인은 박사 학위를 받았어. 이제 그는 교수 자리를 얻으려 했지. 하지만 교수가 되는 길은 험난하기만 했어. 무엇보다도 먼저 교수가 될 수 있는 자격을 취득해야만 했지. 보통 이를 위해서는 교수 자격 취득 논문이라는 것을 써야만 해. 학문 발전에 확실한 기여를 할 수 있다는 것을 두툼한 논문으로 증명을 해야만 하는 것이지. 이 논문이 받아들여지면, 보수도 받지 않는 시간강사 노릇을 하며 자신의 실력을 알려야만 대학교의 학과에서 받아들여져 보수를 받는 정식 강사가 될 수 있지. 강사 시절을 거치고 난 다음에야 조교수로 채용되는데, 조교수로서 실력과 연구 업적을 쌓아야만 학자 인생의 정점이랄 수 있는 정교수로 부름을 받을 수 있는 거야.

1907년 아인슈타인은 베른 대학교에 교수 자격 취득 논문을 제출했어. 하지만 정식 논문 대신 그동안 발표한 17편의 논문들, 그 가운데서도 특히 상대성 이론에 관한 것을 중심으로 정리한 논문들을 내놓았지. 당시 대학교 학칙에 따르면 학문의 발전에 결정적인 공로를 세운 경우, 이미 발표된 논문들이 교수 자격 취득 논문으로 인정받을 수 있었어. 하지만 아인슈타인의 신청은 보기 좋게 거절당했어. 대학 당국은 교수 자격 취득 논문을 제출해야만 한다고 고집한 거야. 그래서 아인슈타인은 대학에서 요구하는 논문을 써서 제출해 마침내 1908년 베른에서 강사로 채용되었고, 1909년 취리히 대학교에 조교수로 부름을 받을 수 있었지.

아인슈타인은 베른의 특허청에 사직서를 내고 1909년 가을부터 취리히 대학교에서 학생들을 가르칠 수 있었어. 같은 해 아인슈타인은 처음으로 과학계의 공개 행사에 나가기도 했지. 잘츠부르크에서 열린 '독일 자연과학자와 의사연례총회'에서 강연을 한 거야.

아인슈타인은 단지 세 학기 동안만 취리히에 머물렀어. 프라하의 독일 대학교에 이론 물리학 정교수 자리가 비자 신청해 정교수 자리를 얻은 거야. 1911년 3월 아인슈타인은 아내와 두 아들과 함께 프라하로 갔어. 하지만 그는 보헤미아의 도시 프라하가 불편하기만 했어. 그래서 취리히 대학교에서 정교수 자리를 제안하자, 기꺼이 받아들여 1912년 8월 스위스로 돌아왔지.

여기서 일단 아인슈타인의 인생 이야기는 접고 몇 장 뒤에 다시 살펴보기로 하자. 지금은 무엇이 아인슈타인을 역사상 가장 위대한 물리학자들 가운데 한 사람으로 만들었는지 자세히 알아보는 게 좋을 것 같아.

07 광속의 비밀

변함없이 언제나 299,792,458m/s

먼저 앨버트 마이컬슨과 에드워드 몰리의 유명한 실험으로 되돌아가 보자. 그동안 18년이라는 세월이 흘렀지만, 어째서 에테르 바람의 속도를 측정할 수 없는지에 대해 아무런 설명도 하지 못했어. 알베르트 아인슈타인도 퇴근 후 여가시간에 이 문제를 풀 방법을 고민했지. 그리고 1905년 마침내 결정적인 착상을 하게 됐어.

"도대체 왜 우리는 측정한 결과를 그저 있는 그대로 받아들이지 못하는 거야?" 아인슈타인은 이렇게 물었어. "있지도 않은 실수를 왜 찾는 건데?"

크리스티안 하위헌스는 빛이 전파될 수 있는 매체를 찾기 위해 에테르를 꾸며낸 것이지. 그의 말에 따른다면 에테르를 느낄 수 있는 것은 오로지 빛일 뿐이야. 이 세상의 그 어떤 것도 에테르를 보거나 만질 수는 없어. 에테르에 관한 무엇인가를 경험할 수 있는 유일한 방법은 에테르 바람이 빛의 속도에 미치는 영향을 측정하는 것일 뿐이지. 그러나 이 측정은 언제 어디서 하더라도 매번 에테르 바람이 광속에 전혀 영향을 미치지 않는다는 결과만을 보여줬어. 이는 바꿔 말하면 에테르에 관해 그 어떤 것도 알 수 없다는 뜻이지!

"에테르가 어떤 성질을 가지고 있는지, 도대체 있기는 한 것인지, 확인할 방법이 원리적으로 아무것도 없다면, 에테르는 물리학 이론에 전혀 필요 없는 것이다."

아인슈타인은 혀를 쑥 내밀고 저 유명한 장난스러운 표정을 지었어.

"에테르는 포기하는 게 나아!"

이로써 수많은 에테르들 가운데 마지막까지 남아있던 하나마저 사라지게 된 것이야. 하지만 아인슈타인의 에테르 포기는 말처럼 그렇게 간단한 게 아니야. 이는 '인간의 건강한 상식'을 뒤흔드는 무수한 결과들을 이끌고 나왔거든.

고대의 민족들은 대개 지구가 평평하고 둥근 원판이며, 그 중심에 자기네 나라가 있다고 믿었지. 이런 생각은 딱 한 나라에만 들어맞는 것일 뿐, 나머지 다른 나라들에게는 맞지 않는 것이야. 지구가 아무런 테두리를 갖지 않으며 중심이라는 것도 없는 공이라는 것을 알았을 때, 돌연 '중앙의 제국' 이나 '세계의 배꼽' 같은 것은 사라지고 마니까. 그러니까 어떤 나라도 세계의 중심에 있는 게 아니라, 모든 나라가 저마다 지구 표면의 중심에 있다고 주장할 수 있는 것이지. 쉽게 말해서 오늘날에는 어느 나라든 동일한 권리를 가지고 세상의 중심에 있다고 자랑할 수 있어. 유럽 사람이 만든 세계지도에는 언제나 유럽이, 미국 사람이 그린 세계

지도에는 미국이, 각각 중심에 있잖아.

하위헌스에 따르자면 에테르는 빛을 전파해주는 매체일 뿐만 아니라 절대적인 정지 상태에서 우주를 꽉 채우고 있는 것이기도 해. 그러나 이제 에테르가 없다고 한다면, 당연히 절대적으로 정지해 있는 것도 없게 되지.

이 말은 다르게도 표현할 수 있어. 에테르가 없다면 누구나 똑같이 다음과 같은 주장을 할 수 있어. "나는 우주의 중심이다. 나는 정지해 있고 다른 모든 것이 움직인다."

어때? 정말 어려운 말이지 않아? 기본적으로 우리는 우리를 둘러싸고 있는 우주를 사면에 튼튼한 벽으로 둘러싸인 공간으로 상상하지. 물론 평소에는 이런 상상을 하고 있다는 것조차 잘 의식하지 못하지만 말이야. 또 우주 안의 모든 것은 사방이 벽인 곳에 있다보니, 일종의 절대 속도를 가지고 있는 것만 같아. 움직이지 않는 벽을 상대로 속도를 측정할 수 있으니까. 그래서 우주 안에 있는 모든 것을 다 들어낸다고 해도, 단단한 벽만은 남을 것처럼 보여. 그러나 앞에서도 지적했지만 이는 잘못된 생각이야. 우주를 둘러싸고 있는 벽이라는 것은 없거든. 우주에서 모든 것을 들어낸다면, 남는 것은 아무것도 없지. 그야말로 완벽한 '없음' 이야.

참으로 쉬운 문제가 아니야. '없다' 는 게 뭔지 어떻게 알 수 있을까? 모든 걸 다 들어냈더니 텅 빈 없음으로서의 우주가 있다니, 이게 도대체 무슨 말이야? 없는 게 있다?

루이스 캐럴의 『거울 나라의 앨리스』에 보면 체셔Cheshire라는 이름의 고양이가 나오지. 이 고양이는 나무에 앉아 그르르 웃고 있어. 그런데 갑자기 고양이가 서서히 없어지기 시작하는 거야. 꼬리서부터 코털까지 완벽하게. 고양이는 완전히 사라졌는데 미소만 남아 있다?!

에테르를 포기하자는 아인슈타인의 주장을 받아들여야 한다면, 두 번째 곤란함은 더욱 커져. 아인슈타인은 이런 말을 했지. "아무리 측정해도 빛의 속도가 똑같기만 하다면, 무얼 어떻게 하든 상관없이 이는 단 한 가지만 뜻할 뿐이다. 비교 대상이 무엇이 되었건 빛 입자의 속도는 늘 299,792,458m/s이다."

이게 무슨 뜻일까? 우주를 무한하게 날아가는 두 대의 우주선 아르고Argo와 하데스Hades가 있다고 가정해봐. 멀리 있는 별에서 빛 입자가 하나 날아와 두 우주선을 스치고 지나간다고 말이야. 아르고 우주선의 선장 제이슨(그림 8, 위)은 얼마든지 이렇게 말할 수 있어. "나는 지금 있는 점에서 조금도 움직이지 않아." 빛의 속도와 하데스 우주선의 속도를 측정한 아르고 선장은 이렇게 말할 거야. "빛과 하데스 호는 둘 다 동쪽으로 날아가고 있다. 빛의 속도는 299,792,458m/s이며, 하데스 호의 속도는 100,000,000m/s이다."

우주선 하데스 호의 선장 케이런(그림 8, 아래)은 제이슨 선장과 똑같은 권리를 가지고 다음과 같이 말할 거야. "나는 지금 있는 점에서 꼼짝도 하지 않고 있다." 케이런이 측정해 보면, 우리가 예상했던 것과 마찬가지로 아르고 호는 100,000,000m/s의 속도로 서쪽을 향해 날아가. 이제 놀라운 것은 제이슨이든 케이런이든, 빛의 속도는 똑같이 299,792,458m/s로 동쪽으로 날아가고 있다고 보는 거야! 이를 바꿔서 말하면 두 선장들은 똑같이 이렇게 이야기할 거야. "빛과 나 사이의 속도 차이는 299,792,458m/s이다."

두 우주인의 관측은 우리가 지금까지 속도에 관해 배운 것과 정면으

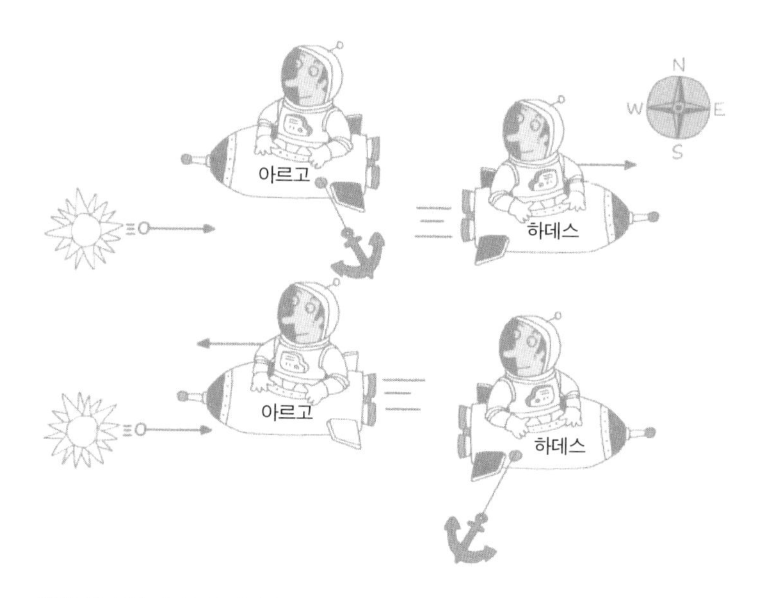

〈그림 8〉 선장 제이슨은 자신과 그의 우주선 아르고가 정지해 있다고 생각한다. 그가 보는 빛 입자의 속도는 299,792,458m/s이며, 하데스 호의 속도는 100,000,000m/s이다. 둘 다 동쪽으로 날아간다(위). 반대로 하데스 호의 선장 케이런은 자신과 그의 우주선 하데스가 정지해 있다고 생각한다. 그가 보기에 제이슨이 보는 것과 똑같은 빛 입자는 동쪽으로 299,792,458m/s의 속도로 날아오며, 아르고 호는 100,000,000m/s라는 속도로 서쪽으로 날아간다(아래).

로 충돌해. 제이슨 선장의 측정이 옳다면, 케이런 선장의 생각에 따라 원래 빛의 속도인 '299,792,458m/s–100,000,000m/s = 199,792,458m/s' 라는 계산이 맞아야만 해. 또 아르고 호의 제이슨 선장이 측정한 결과, 하데스의 속도가 빛 속도의 99.999%로 동쪽으로 날아간다고 하더라도, 별빛은 299,792,458m/s의 속도로 하데스를 추월해야만 맞아. 그렇지만 우리가 일상생활에서 보는 빛의 속도라는 것은 전혀 다르잖아. 빛은 언제나 우리에게 똑같은 속도로 날아올 뿐이야. 그것 참 이상한 일이지. 그러나 자연이라는 게 그렇다면, 어쩌겠어? 우리가 거기에 익숙해지는 수밖에.

똑같은 상황을 다시 한 번 고전적인 관점에서 보자. 그러니까 케이런 선장의 눈으로 말이야. 케이런이 측정한 빛의 속도와 아르고 호의 속도가 정확하다고 가정해보자. 그럼 제이슨 선장은 원래 빛의 속도인 '299,792,458m/s+100,000,000m/s=399,792,458m/s' 라는 속도로 날아가고 있다는 계산이 나와야 해. 그렇지만 제이슨은 우리가 알다시피, 어디까지나 빛의 속도를 299,792,458m/s라고만 보고 있거든.

빛 입자가 하데스 호를 스쳐지나간다면, 케이런 선장은 그것을 잡을 수도 있어야 해. 빛 입자를 잡고 싶어진 케이런 선장은 우주선의 속도를 더욱 높이며 빛 입자를 따라가려 하겠지. 빨리, 더 빨리!

과연 그가 빛 입자를 잡을 수 있을까? 아니, 그건 절대 안 돼! 케이런 선장이 하데스 호의 속도를 아무리 높인다고 한들, 빛 입자는 언제나 정확히 299,792,458m/s의 속도만큼 더 빠르게 앞으로 나아가니까.

그렇다면 이제 빛의 속도는 언제나 똑같다고 주장할 수밖에 없어. 그러니 물리학이 수백 년 동안 그려온 커다란 공간이라는 것도 와르르 무너질 수밖에 없지. 그러니까 아인슈타인이 불러일으킨 조그만 변화가 물리학의 거의 모든 기본 개념들을 바꿔버리는 놀라운 결과를 이끌어내는 거야.

시간은 계속 팽창하고 있다!

마이컬슨과 몰리의 실험은 19세기 말의 자연과학계에 커다란 충격을 안겨줬어. 에테르라는 게 있다고 굳게 믿었는데, 이 믿음을 산산이 깨버렸으니 말이야. 빛이라는 게 기차나 승무원 혹은 배의 속도와 하나도 다를 게 없는 속도를 가지고 있다고 믿었는데, 그게 아니라는 게 밝혀졌잖아. 빛의 속도가 변함없이 늘 같은 상수(常數)를 유지한다는 것은 짐작도 못했던 사실이니까. 그럼 이제 다시 한 번 앨버트 마이컬슨과 에드워드 몰리의 실험을 알베르트 아인슈타인의 관점에 따라 살펴보자. 이제 에테르라는 것은 없으니까, 우리는 마이컬슨과 그의 실험 장치가 있는 클리브랜드의 실험실이 우주의 중심이라고 얼마든지 말할 수 있어. 이렇게 해서 측정한 모든 값들을 L(실험실: Laboratory)이라는 기호를 달아 표시해 볼게. 그러니까 이 실험에서 분산 장치와 두 개의 거울은 꼼짝도 하지 않

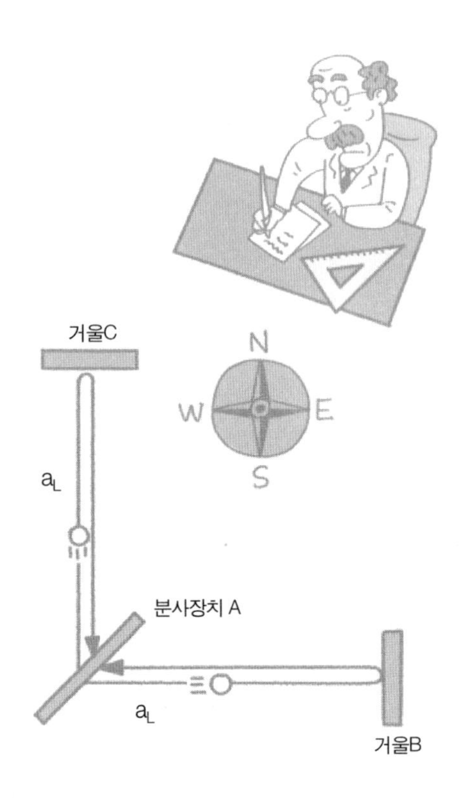

〈그림 9〉 마이컬슨의 관점에서 본 두 빛 입자들의 통과 경로. 두 개의 입자들은 동시에 분산 장치에서 출발해 같은 길이의 거리를 지난 거울 B와 C까지 갔다가, 다시 반사되어 똑같은 길을 거쳐 분산 장치로 되돌아온다.

고 있어. 자, 이제 실험을 시작해보자.

두 개의 빛 입자들이 동시에 분산 장치 A를 거쳐 똑같은 거리 a_L을지나 거울 B와 C까지 가(그림 9). 두 개의 빛 입자들은 거울에 반사되어 다시 a_L이라는 거리를 되밟아 오지. 그러니까 빛 입자들은 전부 $2 \cdot a_L$이라는 길이의 거리를 거쳐 분산 장치로 되돌아오는 셈이지. 각각의 빛 입자가 분산 장치에서 거울로 갔다가 다시 되돌아오는 데 t_L이라는 시간이 걸렸다고 해. 그렇다면 빛의 속도인 광속은 다음과 같은 공식으로 계산할 수 있겠지.

$$c_L = \frac{2a_L}{t_L}$$

그럼 이제 우리는 광속이 언제나 'c=299,792,458m/s' 라는 것을 알고 있으니까, L은 빼버려도 될 거야. 마이컬슨의 입장뿐만 아니라 누구의 관점에서 봐도 광속은 같은 거니까. 자 그럼 이제 c_L은 빼버리고 그냥 간단하게 c라고 쓰자.

$$c = \frac{2a_L}{t_L}$$

뭐, 지금까지는 예전과 같아. 마이컬슨이 실험을 하는 동안, 기차가 무서운 속도로 동쪽에서 서쪽으로 실험실 곁을 스쳐지나갔어. 열차의 궤도는 분산 장치 A와 거울 B 사이의 빛 입자가 통과하는 거리와 평행을 이루고 있지. 기차 안에는 하루 휴가를 즐겼던 에드워드 몰리가 앉아 차창을 통해 동료의 실험을 구경했어.

몰리는 마이컬슨과 같이 이렇게 이야기할 수 있어. "내가 우주의 중심이다. 내가 타고 있는 열차는 정지해 있으며, 나머지 세상이 움직이고 있다."

그러니까 몰리는 마이컬슨이 실험을 하고 있는 광경과 실험실이 서쪽에서 동쪽으로 차창을 스쳐지나간다고 보는 거야. 이 속도를 V_t라고 불러보자(몰리가 보는 모든 물리적 값에는 기차에서 보고 있다는 의미로 t-train-를 붙

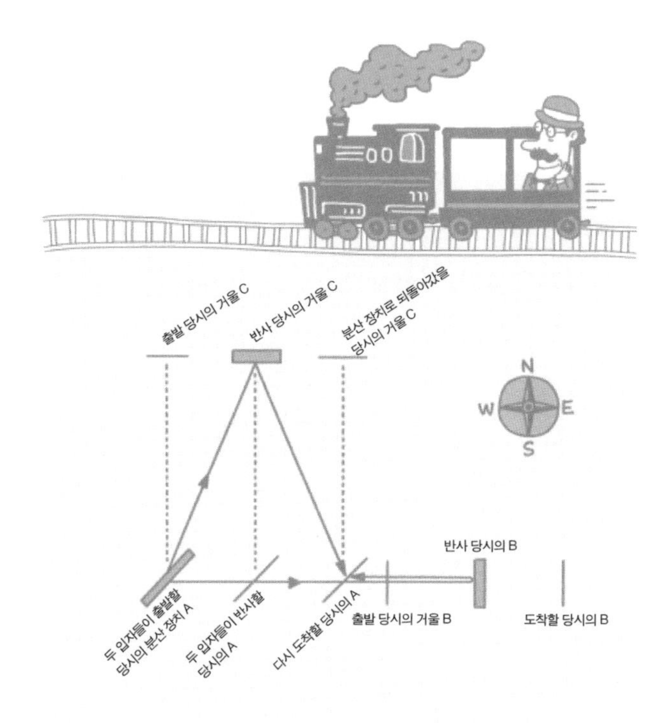

〈그림10〉 두 개의 빛 입자가 마이컬슨과 몰리 실험에서 오가는 거리를 몰리의 관점에서 본 것. 두 개의 입자들은 동시에 분산 장치를 출발해 두 개의 거울로 갔다가 다시 똑같은 과정을 되밟아 분산 장치로 동시에 되돌아온다. 실험을 하는 동안 전체 과정은 동쪽으로 움직이는 것으로 보이기 때문에 입자들 가운데 하나는 지그재그를 그리며, 마이컬슨이 측정한 것보다 더 긴 궤도를 움직인다.

일 거야).

두 개의 빛 입자들이 분산 장치와 두 개의 거울들 사이를 왕복하는 시간 동안, 실험 전체는 서쪽에서 동쪽으로 V_t라는 속도로 흘러가고 있는 셈이야. 그러니까 몰리가 차창을 통해 보는 실험 광경은 〈그림 10〉과 같은 모습을 가져.

마이컬슨과 몰리는 두 사람 다 빛이 분산 장치 A에서 거울 C로 갔다가 다시 분산 장치 A로 돌아오는 것을 볼 거야. 마이컬슨이 보기에는 왕복하는 빛 입자가 같은 궤도를 지나고 있는 것 같지만, 몰리의 눈에는 지그재그를 그리는 것처럼 보이지. 그래서 몰리가 보는 빛의 통과 궤도는 마이컬슨이 보는 것보다 더 길어. 하지만 어느 쪽이든 속도를 계산하는 공식은 같겠지.

$$\text{속도} = \frac{\text{왕복한 거리}}{\text{걸린 시간}}$$

300년 전 고전물리학의 기초를 닦은 위대한 물리학자 아이작 뉴턴은 속도를 계산할 때 항상 위의 공식에 의존했어. 뉴턴의 입장에서라면 마이컬슨과 몰리의 관점을 다음처럼 설명할 거야.

"마이컬슨이나 몰리가 측정한 빛 입자의 이동거리는 같다. 그러나 거리가 길어졌다고 하더라도 거기에 걸린 시간은 같으므로, 속도는 더욱 빨라진 것으로 봐야 한다. 결과적으로 몰리가 마이컬슨보다 빠른 빛 속도를 재게 되는 것이다."

그러나 몰리가 더 빠른 속도가 아닌 마이컬슨과 똑같은 속도를 측정했다는 움직일 수 없는 사실은 뉴턴의 결론을 부정하게 만들어.

그럼 어떻게 해야 속도를 나타내는 다음 공식(속도=왕복한 거리/걸린 시간)을 그대로 두면서도, 몰리와 마이컬슨이 각각 본 것들을 모두 맞다고 인정할 수 있을까?

영국의 작가 아서 코넌 도일은 1890년 자신의 추리소설 『네 개의 서명』에서 셜록 홈스의 입을 빌려 왓슨 박사에게 다음과 같은 말을 하고 있어. "내가 이미 몇 번 말했지만, 다른 모든 가능성들이 부정되고 나서 남는 설명은 옳은 것이야. 도저히 그럴 수 없을 것처럼 보일지라도 그것은 진실이지. 안 그래?"

소설이 발표된 지 15년 뒤 아인슈타인은 이 말을 그대로 물리학에 적용하고 있어. 그는 속도를 나타내는 공식(속도=왕복한 거리/걸린 시간) 만큼은 그대로 둬야 한다며 다음과 같은 말을 했어.

"마이컬슨이나 몰리에게 빛은 똑같이 빠르다. 그런데 왕복한 거리가 길어졌음에도 속도가 변하지 않는다면, 남는 가능성은 단 하나다. 속도를 계산하는 공식은 옳다. 다만 걸린 시간이 왕복한 거리에 비해 곱절로 늘어난 것이다."

이게 무슨 뜻일까? 서로 다른 속도로 움직이는 두 사람이 같은 현상을 구경하면 어떤 일이 일어날까? 두 사람은 이 현상이 지속되는 시간을 각각 다르게 재겠지. 결과적으로 말해서 두 사람에게 시간은 제각기 다르게 흐른다는 말이야! 마이컬슨이 볼 때 실험실에서 정상적인 속도로 일어나는 일들은 몰리가 보면 고속카메라로 찍어놓은 슬로비디오처럼 보이는 것이지.

이런 결론은 우리가 흔히 생각하는 시간의 개념과는 정면충돌하는 거야. 일상생활에서 우리는 시간이 언제 어디서나 항상 똑같이 흐르고 있다고 믿으니 말이야. 한 시간은 어디까지나 한 시간이잖아? 독일 공원의 벤치에 앉아 보내는 한 시간이나, 일본의 고속철도를 타고 달리는 한 시간이 어떻게 다를 수 있어? 달에서 보내는 한 시간은 시리우스에서의 그것과 똑같아야 하는 거 아냐? 약간 과장해서 발한다면, 우주 어딘가에 거대한 시계가 걸려 있어서 우리 인간은 모두 그 시계를 보며 시간을 읽기만 하면 되는 거 아니냐고? 시간이라는 것은 그렇게 절대적인 것이잖아?

하지만 1905년 이후 우리는 그렇지 않다는 것을 분명히 알게 되었지. "시간이 얼마나 빠르게 흐르는가 하는 문제는 순전히 개인적인 차원의 것이다." 아인슈타인이 한 말이야.

몰리의 기차에서 볼 때 마이컬슨의 실험실에서 흐르는 시간은 얼마나 느려지는 것일까?

몰리는 자신의 객차에 앉아 계산을 하기 시작했어. 먼저 그는 실험실의 운동 방향과 대각선을 이루며 날아오는 빛 입자만 보았지. 몰리는 빛이 분산 장치 A에서 거울 C까지 갔다가 다시 분산 장치 A로 돌아오는 시간을 t_t로 나타냈어.

그럼 빛 입자는 가는 데에 그 절반인 $t_t/2$ 라는 시간을 필요로 하겠지. 돌아올 때도 마찬가지일 테고. 이 $t_t/2$ 라는 시간 동안 마이컬슨의 실험 장치와 실험실은 동쪽으로 $v_t \cdot t_t/2$에 해당하는 거리를 움직였을 거야. 분산 장치 A와 거울 C는 몰리의 열차와 평행선을 그리며 지나갈 테지. 이 평행선의 간격을 a_t라고 한다면, 빛이 분산 장치 A에서 거울 C까지 대각선으로 날아간 거리는 피타고라스의 정리를 이용해 다음과 같이 계산할 수 있어.

$$\sqrt{(a_t)^2 + (v_t\, t_t/2)^2}$$

거울로 가는 거리와 분산 장치로 되돌아오는 거리는 똑같지. 그러니까 빛 입자가 움직인 전체 거리는 다음과 같이 계산할 수 있어.

$$2 \cdot \sqrt{(a_t)^2 + (v_t\, t_t/2)^2}$$

결국 몰리는 지그재그를 그리며 날아간 빛 입자의 속도를 다음 공식을 이용해 계산할 거야.

$$c_t = \frac{2\sqrt{(a_t)^2 + (v_t\, t_t/2)^2}}{t_t}$$

몰리는 궁리를 계속했어. "두 개의 거울과 분산 장치 그리고 마이컬슨의 전체 실험실은 v_t라는 속도로 동쪽으로 날아간다. 반면 남북을 가로지르는 축에는 움직이는 것이 아무것도 없다. 바꿔 말하면 남북 축에서 볼 때 거울과 분산 장치는 나와 똑같이 정지하고 있다."

그러니까 남과 북을 가로지르는 축에서 볼 때 몰리는 마이컬슨과 똑같은 상황에 있는 거야. 그래서 몰리가 측정한 분산 장치 A와 거울 C의 간격은 마이컬슨이 잰 분산 장치 A와 거울 C 사이의 거리와 똑같아. 이는 곧 a_t와 a_L이 같다는 것을 뜻해. 빛의 속도는 물론 언제나 c이지. 이제 몰리는 빛의 속도를 계산하는 공식에 a_t 대신 a_L을 넣을 거야.

$$c = \frac{2\sqrt{(a_t)^2 + (v_t\, t_t/2)^2}}{t_t}$$

마이컬슨은 자신의 실험에서 빛의 속도를 다음과 같이 계산했지.

$$c = \frac{2a_L}{t_t}$$

이제 이 공식을 다음과 같이 바꿔볼 수 있어.

$$a_L = \frac{c \cdot t_t}{2}$$

이것 역시 몰리는 빛 속도를 계산하는 자신의 공식에 대입할 거야.

$$c = \frac{2 \cdot \sqrt{(c \cdot t_L/2)^2 + (v_t \cdot t_t/2)^2}}{t_t}$$

시간의 팽창을 계산하기 위해 이제 기차가 지나간 시간 t_t를 계산해볼 필요가 있어.

먼저 루트 기호 안의 괄호를 풀어버리자.

$$c = \frac{2 \cdot \sqrt{c^2 \cdot t_L^2/4 + v_t^2 \cdot t_t^2/4}}{t_t}$$

그런 다음 공식의 양변을 제곱하자.

$$c^2 = \frac{4}{t_t^2}(c^2 \cdot t_L^2/4 + v_t^2 \cdot t_t^2/4)$$

여기에서 괄호를 풀어버리면 다음과 같아.

$$c^2 = \frac{4 \cdot c^2 \cdot t_L^2}{4t_t^2} + \frac{4 \cdot v_t^2 \cdot t_t^2}{4t_t^2}$$

그런 다음 공약수들을 지워버리자.

$$c^2 = \frac{c^2 \cdot t_L^2}{t_t^2} + v_t^2$$

이제 V_t^2을 좌변으로 돌리자.

$$c^2 - v_t^2 = \frac{c^2 \cdot t_L^2}{t_t^2}$$

이제 t_t값을 구하는 공식으로 앞의 공식을 바꿔볼 거야. 그러기 위해서는 공식 양변에 $t_t^2/(c^2 - v_t^2)$을 곱해주면 돼.

$$c^2 - v_t^2 \cdot \frac{t_t^2}{(c^2 - v_t^2)} = \frac{c^2 \cdot t_L^2}{t_t^2} \cdot \frac{t_t^2}{(c^2 - v_t^2)}$$

이제 공통된 부분들을 지워 수식을 간략하게 만들자.

$$t_t^2 = \frac{c^2 \cdot t_L^2}{c^2 - v_t^2}$$

공식의 우변에 $1/c^2$을 곱해주도록 하자.

$$t_t^2 = \frac{c^2 \cdot t_L^2 / c^2}{(c^2 - v_t^2)/c^2}$$

공식의 우변에 공약수를 다시금 정리하자.

$$t_t^2 = \frac{t_L^2}{1 - V_t^2/C^2}$$

마지막으로 제곱근을 풀어버리자.

$$t_t = \frac{1}{\sqrt{1-(V_t/C)^2}} \cdot t_L$$

마지막 식의 우변에서 분수로 표현된 것은 상대성 이론에서 매우 빈번하게 등장하는 거야. 그래서 물리학자들은 이를 아예 기호 γ(그리스 문자로 '감마'라고 읽는다)로 표시하지.

$$\gamma = \frac{1}{\sqrt{1-(V_t/C)^2}}$$

이로써 몰리의 시간과 마이컬슨의 시간 사이의 관계는 아주 간략하게 표기할 수 있어.

$$t_t = \gamma \cdot t_L \text{ 혹은 } t_L = \frac{1}{\gamma} \cdot t_L$$

이는 곧 몰리가 기차를 타고 가는 시간이 마이컬슨이 실험실에서 보내는 시간보다 γ만큼 빠르게 간다는 것을 뜻해. 거꾸로 말하면 마이컬슨의 시간이 몰리의 시간에 비해 γ만큼 느리다는 것이지. 물론 지금까지 우리는 분산 장치, 거울, 빛 입자 등만 고려했지만, 사실 시간의 팽창은 마이컬슨의 실험실에 있는 모든 것에 해당돼. 그래서 몰리가 차창을 통해 마이컬슨의 실험실을 보면, 마치 고속카메라로 찍어놓은 슬로비디오를 보는 느낌을 갖게 되는 것이지. 몰리가 볼 때 마이컬슨은 실험실에서 굼벵이처럼 걸어 다니고, 그가 손에서 떨어뜨린 찻잔은 천천히 허공에서 흐느적거리는 거야. 실험실 시계의 초침도 한껏 게으름을 피울 걸! 과연 그 시간이 얼마나 느려지는지 우리에게 말해주는 것은 바로 γ야.

γ의 크기는 C와 V_t의 값에 따라 달라지지. 우리가 이미 알고 있듯 빛의 속도 C는 언제나 299,792,458m/s라는 고정값을 가져. 그렇지만 실험실의 속도는 얼마나 될까? 생각할 수 있는 가장 작은 값은 V_t=0m/s일거야. 그럼 실험실은 정지해 있는 것이지. 이런 식에 따라 생각한다면, 실험실은 적어도 이론적으로는 얼마든지 임의적인 속도를 가질 수 있어. 그렇지만 마냥 속도가 높아졌다가는 수학과 갈등을 겪을 수밖에 없지.

제곱이라는 것은 언제나 해당 숫자를 바로 그 숫자와 곱해 얻어낸 값이야. 그러니까 음이든 양이든 같은 수를 곱해서 얻어내는 게 제곱이지. 그럼 결국 음수를 제곱한 값은 언제나 양수가 돼. 다시 말해서 루트를 가지고는 음수를 계산할 수 없지. γ에서 어떤 속도 V_t가 계속 커진다는 것은 결국 γ값이 계속 작아진다는 것을 뜻해. 결과적으로 루트 안의 값은 언젠가는 0에 이르고 말지. 그러니까 속도가 마냥 높아질 수는 없어. 그랬다가는 어느 지점에서부터는 더 이상 계산할 수 없게 되고 말테니까. 그래서 아인슈타인은 이런 말을 했어. "원리적으로 그 어떤 것도, 누구도 넘어설 수 없는 최고 한계 속도라는 게 있다!"

이 최고 한계 속도의 값은 얼마일까? 그것은 바로 광속, 즉 빛의 속도야. 만약 실험실이 빛의 속도로 몰리를 스쳐지나갔다고 하자. 그러니까 곧 $v_t=c$가 되는 것이지. 그럼 γ의 값은 당연히 이렇게 계산될 거야.

$$\sqrt{1-(v_t/c)^2} = \sqrt{1-(c/c)^2} = \sqrt{1-1} = \sqrt{0} = 0$$

이는 곧 실험실의 속도는 어디까지나 0m/s에서 299,792,458m/s 사이에 한정될 뿐이라는 것을 뜻해. 다시 말해서 실험실의 속도는 빛의 속도 0%와 100% 사이의 어느 하나의 값일 수밖에 없지.

예를 들어 계산해볼까. 아무리 비현실적인 숫자라 할지라도 계산은 앞에서 설명한 관계를 분명하게 보여줄 거야.

분산 장치와 거울들 사이의 간격이 일정해서 두 개의 빛 입자들이 각각 1초씩 움직였다고 가정해봐. 이는 곧 t_L=1s라는 말이 돼. 그 밖에도 지금 몰리는 마이컬슨의 실험실이 빛 속도의 87%로 차창을 스쳐지나갔다고 해. 그럼 기차의 속도를 $v_t=0.87 \cdot c$라고 계산할 수 있어. 그럼 몰리가 보기에 실험실의 시간은 얼마나 느리게 갈까? γ값을 구하는 공식을 이용해보면 알 수 있지.

$$\gamma = \frac{1}{\sqrt{1-(v_t/c)^2}} = \frac{1}{\sqrt{1-(0.87 \cdot c/c)^2}} = \frac{1}{\sqrt{1-0.87^2}} = 2$$

몰리는 기차에서 빛 입자가 분산 장치 A에서 거울 C로, 다시 분산 장치로 돌아오는 시간을 쟀어. 그것은 2초일 거야. $t_t = \gamma \cdot t_L = 2t_L$이니까. 동시에 몰리는 마이컬슨의 실험실에서의 시간이 반쯤 느리게 간다고 알아차렸지. 그래서 실험실 시계를 보며 빛 입자가 비행하는 동안 실험실 시계의 초침은 단 1초만 앞으로 갔다는 것을 확인했어.

지금까지 우리는 단지 마이컬슨 실험실의 시간에 관해서만 신경을 썼어. 물론 두 사람의 서로 다른 관점에서 보았지만 말이야. 마이컬슨은 실험실에서, 몰리는 기차에서 각각 본 시간이지.

하지만 마이컬슨이 실험실에서 몰리의 기차 안을 들여다보았다면 어떻게 될까? 아마 우리는 마이컬슨이 보는 기차의 시간은 실험실에서보다 두 배로 빨리 간다고 짐작할 거야. 하지만 이것은 착각이야.

어째서 그런지 한번 정확히 살펴보자. 몰리가 기차에서 마이컬슨이 실험실에서 하는 실험과 똑같은 실험을 한다고 가정해보자. 몰리는 자신이 하는 실험이 우주의 정지해 있는 중심이라고 생각할 게 틀림없어. 그래서 몰리는 실험을 하며 빛이 정확히 1초 동안 움직였다고 할 거야. 자, 이제 밖에서 달리는 열차 안을 들여다보는 마이컬슨은 몰리의 실험을 보며, 몰리가 마이컬슨의 실험실에서 보았던 것과 똑같은 것을 볼 거야. 즉, 빛 입자는 분산 장치 A에서 거울 C로 날아가는 동안, 실험 장치를 태운 기차도 계속 달리겠지. 그렇다면 빛 입자는 거울 C에 이르기 위해 기차의 진행 방향과 대각선을 이루며 날아가야 해. 몰리와 마이컬슨의 역할이 서로 바뀐 것일 뿐, 나머지는 똑같아. 결과적으로 마이컬슨은 몰리가 보았던 것과 똑같은 것을 볼 거야. 즉, 마이컬슨은 몰리의 기차 안에서의 시간이 자신의 실험실에서보다 더 느리게 간다고 말이야. 마이컬슨의 실험실에서 시간이 느리게 간다고 본 몰리의 입장이 주인공만 바뀌었을 뿐 그대로 되풀이되는 셈이지.

예를 들어 몰리의 기차가 빛 속도의 87%라는 어마어마한 속도로 달린다고 하자. 이 속도에서 우리는 시간의 팽창지수 γ가 2라는 값을 갖는다는 것을 알고 있잖아. 그렇다면 훨씬 느린 속도나 상상을 뛰어넘을 정도의 빠른 속도에서 γ값은 어떻게 될까? 다음의 표는 몇 가지 속도들에 대한 γ값을 도표로 만들어본 거야.

운동 물체	속 도 (광속의 %)		γ
보행자(길에 상대적)	5km/h	0.0000004%	1.00000000000000002
자동차(도로에 상대적)	100km/h	0.000009%	1.000000000000004
콩코드(지구에 상대적)	2,000km/h	0.0002%	1.000000000002
총알(지표면에 상대적)	1km/s	0.0003%	1.000000000005
지구(태양에 상대적)	30km/s	0.01%	1.000000005
	30,000km/s	0%	1.005
	150,000km/s	50%	1.155
	270,000km/s	90%	2.294
		99%	7.089
		99.9%	22.37
		99.99%	70.71
		99.999%	223.61
		99.9999%	707.11

표를 보면 알 수 있듯 우리가 일상생활에서 겪는 모든 속도는 γ의 값은 거의 1이야. 이는 다시 말해서 공원 벤치에 앉아서 보든, 길을 걸으며 보든, 아니면 자동차나 심지어 콩코드 초음속 비행기 안에서 보든, 시간 팽창을 거의 느낄 수 없다는 것을 뜻하지. 심지어 태양에 상대적으로 정지해 있는 우주선을 타고 태양의 주위를 30km/s라는 빠른 속도로 돌고

있는 지구를 보아도 지구에서의 시간은 거의 눈치 채지 못할 정도로 팽창할 뿐이야. 어떤 물체의 속도가 빛의 속도에 근접할 때라야 비로소 시간이 팽창하는 효과를 확연히 느낄 수 있지. 광속과 0.00001% 정도 차이

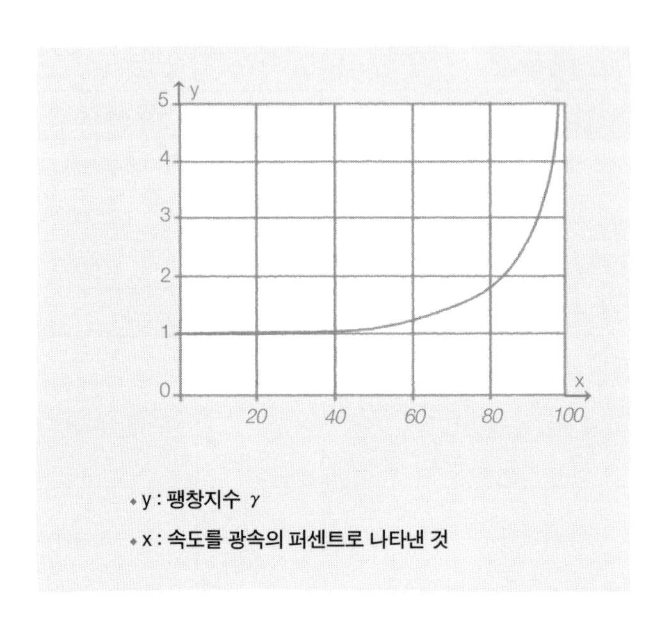

〈그림 11〉 γ값의 크기는 여기서 퍼센트로 나타낸 광속 비율에 의존한다. 광속에 거의 근접하는 속도에서만 γ는 1보다 확연히 커지는 것을 볼 수 있다.

가 나야 시간 팽창은 엄청나게 늘어나.

〈그림 11〉의 그래프는 γ가 관찰 대상의 속도에 의존하고 있다는 사실을 도표보다도 더욱 잘 보여줘.

그럼 왜 우리는 팽창한 시간이라는 것을 생각하기가 그토록 어려운 것일까? 우리가 개인적으로 느끼는 시간은 언제나 일정하게 흐르는 불변

의 것이잖아. 인간의 '건전한 상식'이 시간 팽창을 사실로 받아들이는 것을 거부하는 데에는 어떤 이유가 있을까? 아인슈타인은 이런 물음에 딱 부러지는 설명을 내놓았어.

"인간의 '건전한 상식'이라는 것은 18세가 될 때까지 머릿속에 쌓아놓은 선입견일 뿐이다."

그러니까 인간의 '건전한 상식'은 그 주인이 일상생활에서 혼동을 느끼지 않고 살아남을 수 있도록 수백만 년에 걸쳐 진화가 마련해놓은 일종의 속임수라는 것이지. 우주의 본질이 무엇인지 파악하는 데 있어 '건전한 상식'이란 별로 도움이 되지 않아.

손에 돌을 들고 있다가 떨어뜨리면 계속 빨라지면서 땅으로 떨어지지. 우리는 아주 어려서부터 이런 경험을 했기 때문에 돌이 떨어지는 것을 보고 놀라거나 신기해하지 않아. 또 "돌은 왜 항상 땅으로 떨어질까? 왜 하늘에 떠 있거나 비스듬하게 떨어지지 않는 거지?" 이런 질문을 하면 대개 돌아오는 답은 이렇지. "그건 지구가 끌어 잡아당기는 중력 때문이야."

그렇지만 이 대답이 설명한 게 뭐지? 설명된 건 아무것도 없어. 그냥 돌이 떨어지는 것에 중력이라는 이상한 이름을 붙인 것일 뿐이야. 아니, 끌어당기는 줄이 없는데 지구가 돌을 잡아당긴다는 게 이상한 거 아냐? 그래도 우리의 두뇌는 돌이 어떻게 해서 떨어지는지 알아보려는 노력을 조금도 하지 않아. 지금까지 살아오면서 그냥 그렇게 익숙해져 있을 뿐이야. 돌이 떨어지는 것을 다르게 보아야 할 필요도 느끼지 못하니까.

시간 팽창이라는 것은 우리의 일상생활과 아무 관계가 없는 것이지. 우리가 살면서 보는 속도들은 그저 너무 낮아서, 어릴 때 시간 팽창이라는 것에 익숙해질 필요도 없었어. 그래서 '인간의 건전한 상식'에 시간 팽창이라는 개념은 존재하지 않는 거야!

하지만 평소에 시간 팽창을 느낄 일이 전혀 없는 데도 물리학자들은 끝없이 실험을 되풀이하며 시간 팽창이라는 것을 입증하려 애를 써왔어. 그 대표적인 예는 뮤온Muon의 수명을 측정하는 일이었지. 뮤온은 소립자로 우주에 있는 모든 것을 이루는 기초 물질이야. 뮤온은 너무나 작아서 세계에서 가장 좋은 현미경을 들이대도 볼 수 없을 지경이야. 그럼에도 물리학자들은 뮤온의 존재를 입증해냈어. 다른 소립자들과 달리 뮤온의 수명은 지극히 짧아. 중간 정도는 '탄생' 한 지 백만 분의 일 초도 지나지 않아 '사망' 하지. 우주는 끊임없이 지구로 각종 광선을 보내. 그 가운데 대부분은 약 15km 상공에 있는 대기권의 외곽에서 걸러져. 이때 광선이 공기 입자와 충돌하면서 생겨나는 게 뮤온이야. 이 뮤온은 거의 광속과 같은 속도로 지표면으로 날아와.

이에 대해 뉴턴이라면 다음과 같이 계산할 거야. "속도에 비행시간을 곱하면 왕복한 거리를 알 수 있다. 뮤온은 단지 몇 백만 분의 일 초라는 짧은 시간 동안만 살기 때문에 광속과 같은 빠른 속도에도 500미터를 채 가지도 못하고 '죽고' 만다. 그래서 뮤온은 지표면에 도달할 수 없다."

그렇지만 사실은 달라. 지표면에서도 수많은 뮤온들이 발견되고 있거든. 그러니까 뉴턴 식의 계산은 틀린 거야.

반대로 아인슈타인은 정확한 설명을 내놨어. "지구인의 관점으로 보면 뮤온은 거의 빛과 같은 속도로 땅에 떨어진다. 그래서 뮤온에게는 지구상의 인간들보다 시간이 훨씬 느리게 간다. 결국 뮤온은 우리 인간이 보기에는 짧지만, 실제로는 결코 짧다고 할 수 없는 수명을 누리는 것이다. 당연히 뮤온이 도달하는 거리는 늘어날 수밖에 없다." 그러니까 뮤온의 입장에서는 살만큼 살다가 가는 것이지.

그럼 지금까지 살펴본 것을 요약해보자. 에테르라는 것은 확실히 없으므로, 우리는 누구나 똑같은 근거와 권리를 가지고 우주의 중심이라고 주장할 수 있어. 우주에 있는 다른 모든 것도 상대적으로 정지해 있지. 다시 말해서 우주를 이루는 모든 것은 저마다 속도를 가지고 움직이고 있는 거야. 서로 비슷한 속도를 갖는 것들에게 시간은 거의 같은 빠르기로 흘러. 하지만 더욱 빠른 속도로 움직이는 것에게 시간은 그만큼 늦게 흐르지. 다시 말해서 속도가 빨라질수록 그 속도의 주인에게는 시간이 그만큼 천천히 흐르는 거야. 쉽게 말해 볼게. 언제나 자신이 가진 시간이 가장 빠르게 흘러!

〈그림 12〉 기차를 타고 가는 몰리의 머릿속은 전혀 다른 그림을 그린다. "나는 우주의 중심이야. 내가 탄 기차는 정지해 있으며, 다른 나머지 것들이 움직이지."

아이작 뉴턴

Isaac Newton(1643~1727)

그는 1643년 1월 4일 잉글랜드의 울즈소프라는 곳에서 지주의 아들로 태어났다. 1661년부터 1668년까지 케임브리지 대학교에서 자연과학을 공부했고, 1669년에는 스승 아이작 배로의 후임으로 루카스 교수직에 부름을 받았다. 3년 뒤 그는 모든 사람들이 우러르는 〈왕립협회〉의 회원이 되었다. 1686년에는 왕실 조폐국의 감사가 되었으며, 1699년에는 조폐국 장관으로 임명되었다. 동전을 성공적으로 찍어낸 공로를 인정받아 1705년에는 귀족으로 추대되기도 했다. 그 밖에도 〈왕립협회〉 회장으로 뽑혔다.

그의 과학 연구는 수학으로부터 출발했다. 그는 고트프리트 빌헬름 라이프니츠와 거의 동시에, 그러나 전혀 별개로 미적분법을 개발해냈고, 1666년에는 중력 법칙을 정리했다.

어떤 물체가 다른 물체를 잡아당기는 힘은 두 물체들의 질량을 곱한 것에 비례하며, 두 물체들 사이의 거리 제곱에 반비례한다는 게 이른바 '만유인력의 법칙'이 갖는 내용이다. 1672년 그는 그가 1656년과 1666년 사이에 실시한 광학 실험의 결과를 발표했다. 여기서 두드러지는 내용은 하나의 단색으로 보이는 햇빛이 사실은 일곱 빛깔의 무지개 색들로 이뤄져 있다는 것이다.

1687년에는 대표작 『자연철학의 수학적 원리 : 프린키피아』를 발표했다. 이 책은 유명한 세 가지 운동 법칙을 담고 있다. 즉, 관성 법칙, 가속도 법칙 그리고 반작용 법칙 등이 그것이다. 뉴턴 이전에는 지구와 천체에 서로 다른 물리적 법칙이 작용하고 있다는 생각이 팽배해 있었다. 그는 자신이 지구에서 발견한 법칙들을 천체에도 적용시켰다. 『프린키피아』에 나오는 세 가지 법칙들과 만유인력의 법칙으로 그는 행성의 운동들을 정확히 묘사할 뿐만 아니라, 그 원인까지 설명할 수 있었다. 뉴턴 이전의 천문학자들이 행성 운동의 궤적을 그려내기만 했던 것에 비하면 대단한 발전이다. 이는 과학이 거둔 눈부신 성공이며, 인류의 정신이 이룩한 최대 성과에 속한다. 1704년과 1707년에는 각각 빛 현상을 다룬 『광학』과 수학을 다룬 『보편대수학』이라는 책들을 펴냈다. 그는 1727년 3월 31일 런던에서 세상을 떠났다.

09 타기온의 정체

빛보다 빠른 것이 존재할까?

"상대성 이론은 틀렸어." 등대지기 마티아스가 툴툴댔지. "내 등대는 아주 밝은 빛을 자랑해. 여덟 개의 램프들을 둥그렇게 달아 빛을 쏘며, 1초에 한 바퀴씩 돌면서 수평선을 환하게 밝혀. 그러니까 등대의 광선은 초당 1회전을 하며 전체 수평선을 밝힌다고. 듣자 하니 쏘면 달까지 갈 정도의 강력한 레이저가 있다고 하더군. 어찌나 밝은지 레이저 광선이 가닿은 달 표면에 밝게 생긴 작은 점을 볼 수 있을 정도래. 만약 내 등대에 그런 레이저를 여덟 개 설치해 달에 대고 쏜다면 빛의 점은 광속보다 약 여덟 배는 더 빠른 속도로 달 표면을 움직이지 않겠어? 1초에 한 바퀴를 도는 조명장치가 여덟 개의 레이저를 쏠 테니 말이야. 그런데 아인슈타인에 따르면 그게 불가능하다잖아!"

과연 등대지기의 말이 맞을까? 레이저 광선이 여덟 개의 점들로 달 표면을 훑는다는 말은 맞아. 그렇다고 이 말이 상대성 이론과 모순되는 건 아니야. 아인슈타인은 이렇게만 말했거든. "그 어떤 물질도 빛 입자도 299,792,458m/s보다 더 빠른 속도로 날 수는 없다."

등대지기의 예도 마찬가지야. 빛은 어디까지나 그저 광속으로만 날아갈 뿐이야. 그러니까 다시 말해서 달 표면에 여덟 개의 섬이 찍히는가 하는 문제는 전혀 중요한 게 아니야. 빛은 그저 지구에서 달로 날아갈 뿐이지. 바꿔서 말해하면 빛 입자는 달의 왼쪽 끝에서 오른쪽 끝까지 광속의 여덟 배 속도로 움직이는 게 아니야. 그것은 지구에서 차례로 달에게 날아온 빛 입자들일 뿐이지.

등대지기 마티아스의 생각대로라면 사람들은 별로 어려울 게 없이 원하는 대로 '진짜가 아닌' 속도들을 만들어낼 수 있겠지. 그저 x라는 임의의 아주 먼 거리를 x라는 임의의 무척 짧은 시간으로 나누기만 하면 될 테니까. 그렇게 하면 아주 높은 속도를 얻어낼 수는 있겠지. 그러나 그런 속도는 아무런 의미를 갖지 않아.

1967년 물리학자 개리 파인버그Gary Feinberg는 〈물리학 리뷰〉라는 과학 잡지에 아주 흥미로운 글을 발표했어. 그는 빛보다 빠른 물체가 있다는 게 상대성 이론과 전혀 모순되지 않는 것이라는 주장을 했지. 그가 '타키온'*이라 부른 이 물체는 그런 게 정말로 있다면 아주 많은 기묘한 성질들을 가질 거야.

우선 그의 가정대로 타키온은 언제나 빛보다 더 빠르겠지. 그런데 타키온은 동시에 광속을 넘어설 수 없어! 왜 그러냐고? 아무리 작은 것일지라도 질량을 갖는 소립자는 광속을 이길 수 없으니까. 그렇다면 타키온의 질량은 허수가 되어야만 해. 허수를 질량으로 갖는 소립자? 어떻게 그런 게 있을 수 있겠어? 물론 그런 게 실제로 있다면 속도는 무한대로 빨라지겠지. 이렇게 본다면 결국 타키온은 빛보다 느릴 수 없으면서도, 동시에 빛보다 더 빠를 수도 없는 묘한 성질의 것이 되고 말아.

지금까지 타키온이라는 물질이 존재한다는 단서는 그 어디에서도 발견되지 않았어. 아마 앞으로도 타키온은 상대성 이론의 재미있는 각주로만 남을 거야. 물론 예외야 있지. 우리의 만화 주인공 '럭키 루크Lucky Luke' 는 그를 창조해준 만화가 모리스Morris(모리스 드 베베르)가 은총을 베푼 덕에 빛보다 빠른 속도로 권총을 뽑아 쏠 수 있지. 럭키 루크 만화책의 뒤표지를 보면 항상 루크가 자신의 그림자보다도 더 빨리 총을 쏘잖아!**

* '빠르다' 는 뜻의 그리스어를 변형한 것이다

** Lucky Luke는 1946년에 처음으로 나온 만화로 벨기에의 만화가 모리스가 그렸다. 지금도 계속 새 시리즈가 나오고 있으며, 유럽에서는 '아스테릭스Asterix' 다음으로 많이 팔린 만화책이다.

10 쌍둥이 패러독스

그가 나이를 더 먹게 된 이유

지금이 서기 2200년이라고 가정해보자. 폴룩스는 아버지 제우스가 보고 싶어졌어. 제우스가 살고 있는 별 베가Vega가 너무 멀기는 했지만, 꼭 뵙고 싶다는 마음에 폴룩스는 기꺼이 여행을 떠나기로 했지. 원래 제우스는 올림포스 산에 살았지만, 관광객들이 너무 많이 찾아오는 바람에 조용한 별 베가로 거처를 옮겼거든. 폴룩스의 쌍둥이 동생 카스토르는 건강이 좋지 않아 별에서 별을 오가는 먼 여행을 감당할 수 없었던 터라 지구에 남기로 했지.

지구를 출발한 우주선은 광속의 99.7%에 해당하는 속도로 날아갔어. 베가라는 별은 지구에서 약 250조 킬로미터 떨어져 있지. 그러니까 이 속도로 날아간다면 베가에 닿기까지 약 26년이라는 세월이 걸려.

나이를 많이 먹은 제우스는 말도 붙이기 어려울 정도로 까다로운 노인이 되어 있었어. 지구를 향해 번개만 때리는 게 아니라 손에 잡히는 것은 무조건 던져댔지. 아버지의 모습에 실망한 폴룩스는 곧 지구로 돌아가기로 마음을 먹었어. 돌아오는 데는 갈 때와 똑같은 시간이 걸렸지. 그러니까 폴룩스는 지구를 떠난 지 52년 만에 다시 집으로 돌아온 거야.

그동안 지구에 살던 사람들은 폴룩스의 쌍둥이 동생 카스토르까지 포함해 모두 52살이라는 나이를 더 먹었지. 폴룩스가 베가에 다녀온 속도는 지구에 상대적으로 $v = 0.997 \cdot c$ 이니까, 이것으로 γ값을 구해보자.

$$\gamma = \frac{1}{\sqrt{1-(0.997 \cdot c/c_0)^2}} = 13$$

그렇다면 이제 폴룩스에게는 단지 $1/\gamma \cdot 52$년, 즉 약 4년이라는 시간밖에 지나지 않은 거야. 폴룩스가 베가로 여행을 떠나기 전에는 쌍둥이 형제의 나이가 같았지만, 여행을 다녀온 후 카스토르가 폴룩스보다 48살이나 더 나이를 먹은 것이지.

그럼 폴룩스가 보기에는 어떨까? 물론 그가 보기에도 지구를 떠나 있던 시간은 4년밖에 되지 않아. 여행을 하는 내내 폴룩스는 지구가 광속의 99.7% 속도로 우주를 떠다니는 것으로 보았을 거야. 결국 이렇게 이야기를 하겠지. "지구에 있는 내 동생 카스토르와 다른 모든 사람들은 나보다 13배는 더 천천히 나이를 먹겠구나. 결과적으로 내가 없는 동안 카스토르에게는 넉 달이 지났을 뿐이야. 그러니까 카스토르가 나보다 젊을 거야."

그럼 이게 도대체 어떻게 된 거야? 형제 가운데 누가 더 젊은 거지? 카스토르야, 폴룩스야?

쌍둥이 형제가 둘 다 다른 사람들보다 젊을 수는 없는 노릇이니까, 여기서 상대성 이론은 도무지 말이 안 되는 이야기를 하고 있는 것만 같아. 이론을 따라가기만 했는데 정반대의 가능성이 공존하는 역설과 마주쳤으니 말이야. 하지만 이 역설은 다행히도 사실이 아니야. 폴룩스의 우주여행을 관찰할 때 몇 가지 중요한 점들을 빠뜨렸거든.

지금까지 우리가 생각해본 것은 오로지 항상 일정한 속도로 그것도 일직선 방향으로만 날아가는 물체에게 해당돼. 하지만 쌍둥이 역설의 경우는 다르지. 폴룩스가 베가로 여행을 하고서 다시 지구로 돌아올 수 있으려면, 비행 방향을 바꿔야만 하니까. 다시 말해서 우주선에 브레이크를 걸고 방향을 반대로 돌린 다음 가속을 해야만 하지.

늘 일정한 속도만 갖는 게 아니라 정지하고 전환하며 다시 가속하는 변수들까지 고려해야만 한다면 상대성 이론의 공식은 무척 복잡해지지. 물론 결과는 여행을 다녀온 폴룩스가 집에만 있던 카스토르보다 젊어지지만 말이야.

쌍둥이 패러독스는 단순한 생각놀이인 것만은 아니야. 극도의 정밀성을 자랑하는 원자시계를 하나는 지구에, 다른 하나는 지구 주위를 도는 위성에 각각 둔 다음, 그 둘을 비교하면 쌍둥이 패러독스는 보란 듯이 증명돼. 두 시계가 보여주는 시간이 확연한 차이를 보여주거든.

폴룩스처럼 우주를 누비고 다니며 아주 멀리 있는 별까지 오가는 것은 원칙만 놓고 보면 얼마든지 가능해. 광속보다 1% 안팎으로 낮은 속도만 가질 수 있다면, 아무리 멀리 있는 별이라도 많은 시간을 들이지 않고 다녀올 수 있지.

하지만 여기에는 한 가지 치명적인 결점이 있어. 폴룩스와 카스토르의 경우에서도 이미 충분히 예고된 위험이야. 지구에서의 시간은 우주선에서보다 훨씬 더 빨리 흐르기 때문에, 나중에 돌아와 보면 아는 사람이 단 한 명도 없을 수 있어. 심지어 증손자가 백발노인이 되었다거나, 아예 지구 자체가 없어져버렸을 수도 있지. 초고속으로 우주를 왕복하는 일은 미래로 여행을 하는 것과 같아. 그러나 허버트 조지 웰스의 소설 타임머신이 그리고 있는 것과는 달리 과거로 돌아갈 수는 없어. 상대성 이론은 오로지 미래의 방향으로만 시간 여행을 허락하지.

〈그림 13〉 미래 여행

11 공간 압축

변하는 것은 사물이 아닌 단위

다시 한 번 마이컬슨 · 몰리의 실험으로 돌아가 보자. 지금까지 우리는 빛 입자가 분산 장치 A에서 거울 C로 갔다가 되돌아오는 거리만 관찰했지. 마이컬슨이 실험실에서 그리고 몰리가 차창을 통해 각각 본 것을 비교해 시간 팽창이 일어나는 것을 확인했어. 그럼 빛 입자에게는 무슨 일이 벌어질까?

몰리가 차창을 통해 본 분산 장치 A와 거울 B 사이의 간격을 b_t라고 부르자(여기서 t라는 표시는 다시금 기차에서 본다는 것을 뜻해).

빛 입자가 분산 장치 A에서 거울 B로 가는 시간 동안 실험실은 계속 v_t의 속도로 동쪽으로 갈 거야(그림 14). 그래서 빛 입자는 b_t라는 구간만을 날아가는 게 아니라, 거울을 따라잡기 위해 동쪽으로 더욱 날아가지. 물론 몰리가 차창을 통해 보는 경우에 말이야. 그렇다면 빛이 나아간 거리는 b_t보다 멀겠지. 빛이 거울에 닿는 시간이 $t_{t'}$라고 한다면, 거울 B는 이 시간 동안 $v_t \cdot t_{t'}$의 거리만큼 동쪽으로 이동했을 거야. $t_{t'}$라는 값이 얼마인지 모른다고 해서 문제될 것은 전혀 없어. 어쨌거나 빛 입자는 거울 B까지 가는 데 시간이 걸렸을 테고 우리는 그것을 $t_{t'}$라고 부를 뿐이야. 그리고 전체적으로 볼 때 빛 입자는 거울 B까지 $b_t+v_t \cdot t_{t'}$라는 거리를 갔

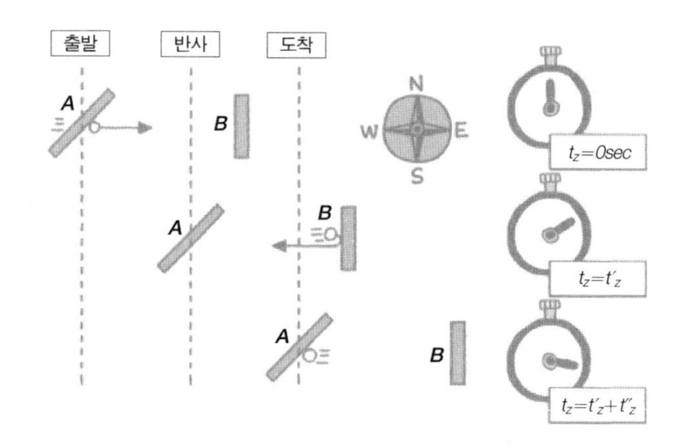

〈그림 14〉마이컬슨 · 몰리의 실험에서 빛 입자가 이동한 거리를 몰리의 관점으로 본 것. 빛 입자가 분산 장치 A에서 거울 B로 갔다가 되돌아오는 사이 전체 실험도 동쪽으로 이동한다.

겠지. 거기까지 가는 데 걸린 시간 $t_{t'}$는 거리를 속도로 나누면 얻을 수 있어.

$$t_{t'} = \frac{b_t + v_t \cdot t_{t'}}{c_{t'}}$$

이 공식의 우변 분모 자리에 있는 $c_{t'}$는 몰리가 기차에서 보는 빛의 속도야. 거울 B에서 분산 장치 A로 되돌아오며 빛 입자는 다시 b_t라는 구간을 지나야 해. 그러나 이번에는 분산 장치 A가 기차의 속도 v_t로 마주 오고 있기 때문에, b_t라는 구간은 처음보다 짧아질 거야. 어쨌거나 이 구간을 돌아오는 데 걸린 시간을 $t_{t''}$로 나타낼 게. 그럼 돌아오는 데 걸린 시간은 비행 거리를 속도 $c_{t''}$로 나눈 것이겠지.

$$t_{t''} = \frac{b_t - v_t \cdot t_{t''}}{c_{t''}}$$

자, 이제 지금까지 정리한 두 공식들을 보면 빛 입자의 비행시간은 방정식의 좌와 우에 모두 등장하고 있어. 그래서 이 공식들만 가지고는 아무것도 계산할 수 없지. 그래서 비행시간을 나타내는 기호가 방정식의 좌변에만 나오도록 식을 정리해야 해.

첫 번째 공식의 양변에 $c_{t'}$를 각각 곱해줘. 그럼 우변에서는 $c_{t'}$가 사라질 거야.

$$c_{t'} \cdot t_{t'} = b_t + v_t \cdot t_{t'}$$

이제 우변에 있던 $v_t \cdot t_{t'}$를 좌변으로 돌려보자.

$$c_{t'} \cdot t_{t'} - v_t \cdot t_{t'} = b_t$$

좌변에 있는 공통 항 $t_{t'}$를 괄호 밖으로 빼내자.

$$(c_{t'} - v_t)t_{t'} = b_t$$

마지막으로 $t_{t'}$를 나타내는 공식으로 바꿔보자.

$$t_{t'} = \frac{b_t}{c_{t'} - v_t}$$

거울 B에서 분산 장치 A로 빛 입자가 돌아오는 거리를 계산하는 공식도 이러한 과정을 거쳐 정리해줄 수 있어. $t_{t''}$를 공식의 좌변에 놓자.

$$t_{t''} = \frac{b_t}{c_{t''} + v_t}$$

빛 입자가 갔다가 오는 전체 왕복 비행시간을 t_t로 부르기로 하고, 이 값을 얻어내기 위해서는 앞서 생각해본 두 비행시간을 합산하면 돼.

$$t_t = t_{t'} + t_{t''}$$

그럼 앞서 정리한 공식을 이용해 다음처럼 구체화해보자.

$$t_t = \frac{b_t}{C_{t'} - V_t} + \frac{b_t}{C_{t''} + V_t}$$

여기까지는 뉴턴의 물리학과 아인슈타인의 그것이 일치해. 그러나 곧 차이점이 드러나는 지점이기도 하지. 뉴턴의 생각에 따르면 가는 길의 속도 $C_{t'}$와 돌아오는 길의 속도 $C_{t''}$는 서로 달라.

하지만 뉴턴의 생각은 그리 정확한 게 아니어서 수정될 필요가 있지. 아인슈타인에 따르면 빛의 속도는 언제나 똑같아서 C=299,792,458m/s이지. 그래서 우리는 $C_{t'}$와 $C_{t''}$을 간단하게 C로 바꿔줄 수 있어.

$$t_t = \frac{b_t}{C - V_t} + \frac{b_t}{C + V_t}$$

이 공식을 가지고 이제 빛 입자가 분산 장치 A에서 거울 B로 갔다가 다시 돌아오는 시간을 계산해내는 데는 아무 문제가 없어. 분산 장치와 거울 사이의 간격 그리고 실험실의 운동 속도만 알면 돼.

지금까지 우리는 몰리의 관점만 다루었어. 이제 빛 입자의 운동을 보는 마이컬슨의 눈을 따라가 보자. 마이컬슨이 보기에 분산 장치, 거울 B 그리고 나머지 모든 실험 도구들은 정지해 있어. 분산 장치와 거울은 b_L이라는 간격을 가지므로 빛 입자가 왕복하는 전체 거리는 $2b_L$이라는 거리를 갖지(앞서도 설명했지만 L이라는 기호는 실험실 'laboratory'을 뜻해). 빛 입자는 물론 광속으로 비행하므로 그 비행시간은 다음과 같아.

$$t_L = \frac{2b_L}{C_L}$$

마이컬슨의 관점에서 볼 때 분산 장치와 거울 B의 간격 b_L은 분산 장치와 거울 C 사이의 간격 a_L은 한치도 어긋나지 않고 똑같지. 그러니까 두 간격들을 모두 a_L이라는 기호로 나타내도 무리는 없을 거야. 그러나 서로 다른 구간을 나타낸다는 사실을 헷갈리지 않기 위해 지금까지 쓰던 대로 a_L과 b_L을 그대로 쓰도록 하자. 다만 우리는 그 값이 똑같다는 것을 분명히 기억해두는 거야.

빛의 속도는 누가 봐도 언제나 c=299,792,458m/s이므로 마이컬슨의 비행시간 공식에 등장하는 C_L역시 C로 바꿔놔도 무방하지.

$$t_L = \frac{2b_L}{C}$$

이 공식을 뉴턴이 보았더라면 아마 다음과 같은 이야기를 할 거야. "왜 분산 장치 A와 거울 C 사이의 간격을 마이컬슨이 잰 것은 b_L로, 또 몰리가 잰 것은 b_t로 나타내는 거지? 그건 누가 보든 상관없이 똑같은 거리잖아. 길이도 똑같고. 그냥 하나의 기호로 나타내도 충분한 거 아냐?"

하지만 우리는 신중하게 문제를 풀기 위해 두 개의 서로 다른 이름을 그대로 쓸 거야. 계산을 해본 결과 실제로 똑같은 값이 얻어진다고 하면, 그때 가서 이름을 바꿔도 되니까. 우리는 앞에서 시간을 계산해보면서 마이컬슨과 몰리가 저마다의 개인적인 시간을 가지고 같은 현상에 대해

서로 다른 시간을 이야기하는 놀라운 광경을 봤잖아. 지금 거리라는 공간 단위를 놓고도 그런 놀라운 일이 벌어지지 않으리라는 것을 누가 장담하겠어?

여기서 다시 한 번 마이컬슨 · 몰리 실험에서 서로 다른 축을 이루는 빛 입자 운동을 살펴보자. 열차의 진행방향 혹은 실험실이 운동하는 방향에 대각선을 이루며 비행하는 빛 입자 말이야. 이 빛 입자는 분산 장치 A에서 거울 C로 날아갔다가 되돌아왔지. 실험실의 마이컬슨이든 열차의 몰리든 저마다 두 빛 입자들이 분산 장치를 동시에 출발해 각각 주어진 축을 왕복하는 것을 관찰해. 결국 분산 장치에도 동시에 도착하지.

이는 물론 두 명의 과학자들이 저마다 실험의 두 축을 왕복하는 빛 입자들의 비행시간이 같다는 것을 확인한다는 것을 뜻해. 그렇지만 물론 열차에 있는 몰리는 실험실의 마이컬슨과 다른 비행시간을 측정할 거야. 우리는 앞서 실험실의 마이컬슨 시간을 열차의 몰리 시간으로 환산하는 공식을 만들어봤지.

$$t_t = \frac{1}{\sqrt{1-(V_t/C)^2}} \cdot t_L$$

기억나지? 이제 이 공식에 마이컬슨이 측정한 비행시간 t_L과 몰리가 잰 비행시간 t_t를 넣어보도록 하자.

$$\frac{b_t}{C-V_t} + \frac{b_t}{C+V_t} = \frac{1}{\sqrt{1-(V_t/C)^2}} \cdot \frac{2b_L}{C}$$

이제 이 공식을 가지고 우리는 분산 장치 A와 거울 B 사이의 간격이 실제로 마이컬슨의 측정과 몰리의 측정에서처럼 같은 값을 갖는지 확인해보자. 이를 위해서는 공식의 좌변에 b_t만을 남겨놓아야 하겠지.

먼저 좌변에서 공통 항 b_t를 중심으로 괄호를 묶자.

$$b_t = \left(\frac{1}{C-V_t} + \frac{1}{C+V_t}\right) = \frac{1}{\sqrt{1-(V_t/C)^2}} \cdot \frac{2b_L}{C}$$

이제 좌변 괄호 안의 내용을 $(C-V_t)(C+V_t)$라는 공통분모를 갖는 것으로 만들어보자.

$$b_t \cdot \frac{C+V_t+C-V_t}{(C-V_t)(C+V_t)} = \frac{1}{\sqrt{1-(V_t/C)^2}} \cdot \frac{2b_L}{C}$$

어때? 이제는 좌변을 더욱 간단하게 정리할 수 있지! 분모에서도 괄호를 풀어버리자.

$$b_t \cdot \frac{2C}{C^2-V_t^2} = \frac{1}{\sqrt{1-(V_t/C)^2}} \cdot \frac{2b_L}{C}$$

좌변에 b_t만 남기고 분수식은 우변으로 넘기자.

$$b_t = \frac{C^2-V_t^2}{2C} \cdot \frac{1}{\sqrt{1-(V_t/C)^2}} \cdot \frac{2b_L}{C}$$

자, 드디어 원칙적으로는 끝났다. 하지만 방정식의 우변을 좀 더 간단하게 만들 수 있지 않을까? 먼저 공통으로 있는 2를 지우고 C를 함께 모으자.

$$b_t = \frac{C^2 - V_t^2}{C^2} \cdot \frac{1}{\sqrt{1-(V_t/C)^2}} \cdot b_L$$

우변의 1항은 더욱 간단하게 풀어버릴 수 있어.

$$b_t = (1-(V_t/C)^2) \cdot \frac{1}{\sqrt{1-(V_t/C)^2}} \cdot b_L$$

모든 정수는 그 정수의 제곱근을 두 번 곱해주면 똑같은 값이 나오지. 이를테면 $4 = \sqrt{4} \cdot \sqrt{4}$ 라는 식으로 말이다. 이 본보기에 따라 다시 우변의 1항을 아래처럼 표시할 수 있어.

$$b_t = \sqrt{1-(V_t/C)^2}\sqrt{1-(V_t/C)^2} \cdot \frac{1}{\sqrt{1-(V_t/C)^2}} \cdot b_L$$

마지막으로 루트 값은 두 개를 지울 수 있지.

$$b_t = \sqrt{1-(V_t/C)^2} \cdot b_L$$

앞에서 우리는 $1/\sqrt{1-(V_t/C)^2}$을 γ로 간단히 줄여 쓰기로 했어. 이 약속을 가지고 다음과 같이 나타내는 것도 가능해.

$$\sqrt{1-(V_t/C)^2} = \frac{1}{\gamma}$$

그렇다면 마이컬슨이 실험실에서 측정한 구간 b_L과, 몰리가 기차의 창으로 측정한 구간 b_t 사이의 관계는 최종적으로 다음과 같이 정리할 수 있지.

$$b_t = \frac{1}{\gamma} \cdot b_L$$

자, 이 공식이 뜻하는 것은 뭘까? 간단해. 동일한 거리를 갖는 구간일지라도 마이컬슨이 실험실에서 볼 때와 몰리가 기차에서 볼 때, 서로 차이가 나게 되는 것이야! 다시 말해서 몰리가 측정한 길이는 마이컬슨이 측정한 그것에 비해 $1/\gamma$의 비율만큼 줄어들어. 마이컬슨과 몰리의 측정값이 서로 달라질지도 모른다던 우리의 신중함은 현명한 선택이었던 거야.

같은 길이의 거리가 보는 관점에 따라 달라진다는 이런 관찰은 분산 장치 A에서 거울 B 사이의 거리에만 적용했어. 그러나 이런 관계는 마이컬슨의 나머지 실험들에서도 그대로 적용돼. 몰리가 기차에서 보고 실험실을 측정한 모든 길이는 그러니까 실험실의 진행 방향에서 γ만큼 줄어든 거야. 탁자가 짧아졌고, 유리창도 작아졌고, 책들은 얄팍해졌으며, 마이컬슨조차 깡말라버렸지.

그런데 서쪽에서 동쪽으로 가는 실험실의 진행 방향과 직각을 이루는 모든 길이에서는 이런 압축 현상이 일어나지 않아. 이게 무슨 말이냐 하면, 남북 방향으로 놓여 있는 구간, 즉 우리의 예에서는 분산 장치 A와 거울 C 사이의 거리는 마이컬슨이 재나 몰리가 재나 똑같다는 거야. 이유는 간단해. 몰리가 차창 밖으로 이 방향을 보면 실험실은 정지해 있으니까. 그러니까 운동은 오로지 동서 방향으로만 일어나지. 그래서 속도에 따라 길이가 줄어드는 현상도 이 방향에서만 볼 수 있어. 이는 물론 앞에서 정리한 우리의 공식을 통해서도 분명하게 나타나. 동서 방향과 직각을 이루는 남북 방향에서 기차의 속도는 0km/h야. 그러니까 이 값을 공식에 넣으면 아래와 같아.

$$\frac{1}{\gamma}=\sqrt{1-(V_t/C)^2}=\sqrt{1}=1$$

그러니까 남북 방향의 구간을 위의 식으로 구해본 변환 값은 1이야. 이는 곧 몰리와 마이컬슨이 보는 거리가 똑같다는 것을 뜻하지.

공간은 그 운동의 진행 방향에서만 압축될 뿐, 진행 방향과 수직을 이루는 방향에서는 아무런 영향을 받지 않고 그대로 있어. 그러니까 몰리가 차창 밖으로 본다고 해서 마이컬슨 실험실의 모든 게 작아지는 것은 아니야. 다만 그 형태가 변할 뿐이지.

그래서 몰리는 실험실에 있는 것들이 평소와는 다르게 보인다는 생각을 하는 거야. 실험실 책상 옆에 서 있는 마이컬슨을 진행 방향에서 보면 기묘하게 일그러진 모습을 보이지. 키는 평소 키 그대로야. 눈도 귀도 몰리가 알고 있는 마이컬슨과 조금도 다르지 않아. 그러나 갑자기 말라 버렸어! 가슴과 등이 붙어 있는 것만 같지. 마치 얇은 종잇장처럼! 마이컬슨이 등을 돌려 북쪽을 바라본다면, 다시 그의 형태는 변해. 키는 그대로이고, 가슴과 등도 평소와 같은 모습을 회복했지만 갑자기 젓가락처럼 가늘어지고 말아. 양쪽 어깨와 귀와 눈 등이 딱 붙어 있는 것만 같아. 몰리는 마치 놀이동산에 있는 거울의 방에 들어와, 모든 것을 일그러뜨려 보여주는 거울 앞에 서 있는 느낌을 받아. 멀쩡한 사람을 아주 뚱뚱하거나 바짝 마른 모습으로 보여주는 거울말이야.

〈그림 15〉 상대성 이론이 말하는 공간 압축은 물리학자만 관심과 흥미를 갖는 현상이 아니다.

그렇다고 해서 마이컬슨과 그의 실험실이 운동 방향으로 실제 압착되었다고 생각할 사람은 아무도 없어. 본인이 그런 것을 느끼지 못하는데 실제로 눌리거나 줄어드는 일은 없을 테니까.

그럼 대체 왜 이런 일이 일어나는 것일까? 시간이 팽창할 때와 아주 비슷한 현상이 공간에서 벌어졌기 때문이야. 다시 한 번 간략하게 '시간의 팽창' 을 다룬 장에서 살펴보았던 것을 떠올려보자. 에테르가 없기 때문에 절대적인 정지 상태에 있는 것은 아무것도 없어. 마치 우주 어딘가에 거대한 시계가 있어서 모두 거기를 바라보고 시간을 맞춘다는 것은 잘못된 상상이야. 우주의 누구에게나 무엇에든 들어맞는 보편적인 시간이라는 것은 없으니까!

아인슈타인 이후 우리는 시간이라는 게 순전히 개인적인 문제라는 것을 알게 되었어. 그저 자기 자신에게 상대적으로 동일한 속도로 운동하는 물체에게만 시간은 같은 속도로 흐르는 거야. 남과 비교해보면 자신의 시간이 가장 빠른 것처럼 느껴지는 이유는 여기에 있어.

그럼 똑같은 이야기를 공간에도 할 수 있지. 에테르가 없기 때문에 절대 공간이라는 것은 존재하지 않아. 다시 말해 우주에서 모든 것을 남김없이 들어낸다고 해서 텅 빈 우주가 남는 게 아니라는 거야. 그냥 아무것도 없어! 사방의 벽과 바닥 그리고 천장을 갖는 방이 남는 게 아니라고! 그야말로 완벽한 무(無)야! 또는 이렇게도 말할 수 있겠지. 우주 공간이라는 것은 물건이 있어야 비로소 생겨난다! 우주를 이 책으로 비유해 봐도 좋겠군. 책의 겉장과 뒷장을 찢고, 그 사이에 있는 쪽들도 차례로 다 뜯어내. 그러고서 깡그리 태워버려. 뭐가 남지? 적어도 텅 빈 책이 남은 것은 아니야. 책은 완전히 사라져버렸다고!

'공간' 이라는 개념을 벽들과 바닥 그리고 천장이 있는 방으로 생각해서는 안 된다면, 그럼 대체 '공간' 이라는 것을 어떻게 이해해야 좋을까? 가장 간단한 방법은 '공간' 을 세 가지 서로 다른 방향들로 뻗어나간 것을 측정한 값들을 모아놓은 집합 개념으로 이해하는 것일 거야. 이 세 가지 방향들을 여기서는 남북, 동서, 위아래 등으로 표시했어. 그렇지만 다른 명칭들도 얼마든지 생각할 수 있지.

누가 보든 똑같은 절대 공간이라는 게 없다는 말은 곧 공간이 시간처럼 순전히 개인적인 문제라는 것을 뜻해. 다양한 속도들을 가진 인간과 사물은 저마다 다른 다양한 공간을 가지고 있지. 나의 공간이란 가로, 세로, 높이 등의 방향들을 우주의 물건들이 가지고 있다고 보는 나의 관점이야. 다른 사람의 공간이란 그 다른 사람이 보는 관점인 것이고. 나의 공간과 다른 사람의 공간은 일반적으로 똑같은 게 아니야. 어떤 사람이 다른 사람의 공간을 본다면, 그가 보는 다른 사람의 공간은 그의 운동 방향으로 압축한 것이야. 그러니까 공간이 압축하는 것이지, 공간 안에 있는 사물들이 압축하는 게 아니야!

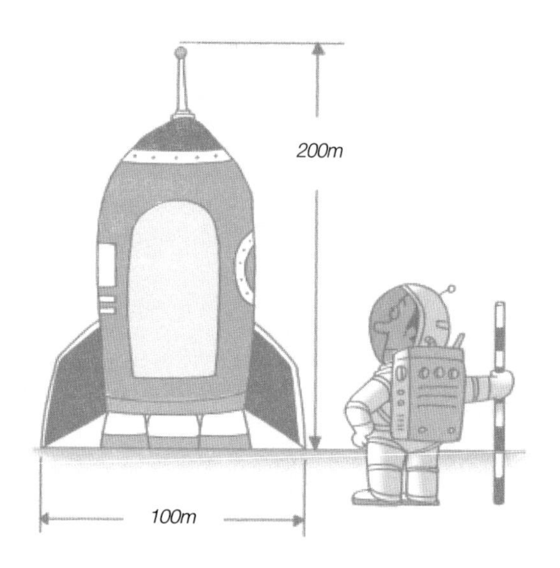

〈그림 16〉 폴룩스가 자신이 보는 그대로 우주선을 측정한 크기.

아일랜드 출신의 물리학자 조지 프랜시스 피츠제럴드는 마이컬슨 · 몰리 실험이 실패한 이유를 에테르 바람 때문에 그 바람이 부는 방향에서 본 모든 사물이 1/γ비율로 압축되기 때문이라고 설명했어. 우리 인간의 '건강한 상식'으로는 쉽게 받아들이기 어려운 이야기지만, 공간의 압축이라는 것은 실제로 일어나는 현상인 것을 어쩌겠어.

알베르트 아인슈타인도 피츠제럴드와 같이 압축이라는 요소를 생각했지만, 그가 찾아낸 설명은 전혀 달랐어. 그 어떤 물체도 운동을 한다고 해서 크기나 모양이 변하지 않아. 그러니까 압축하는 것은 공간일 뿐이라는 거야! 간단하게 말하자면 이러해. 변하는 것은 사물들의 길이가 아니야. 다만 미터(m)가 압축했을 뿐이야. 미터라는 것은 그냥 그 자체로 미터인 게 아니고, 어디까지나 속도에 따라 달라지는 단위이지. 우리 인간의 머리는 바로 여기서 이해하는 데 어려움을 느껴. 하지만 사실이 그런 것을 어쩌겠어.

예를 하나 들어볼까. 폴룩스가 탄 우주선과 지구가 광속의 87%에 해당하는 속도로 서로 스쳐지나갔다고 하자. 폴룩스는 자신이 탄 우주선의 크기를 정확하게 재두었어. 우주선은 길이가 200미터, 폭이 100미터였지 (그림 16). 폴룩스의 쌍둥이 동생 카스토르는 지구에서 망원경으로 광속의 87%에 해당하는 속도로 날아가는 우주선을 보았어. 그럼 카스토르가 보기에 우주선의 크기는 어떻게 될까? 이를 계산하기 위해서는 먼저 γ값을 구해야 해.

$$\gamma = \frac{1}{\sqrt{1-(V/C)^2}} = \frac{1}{\sqrt{1-(0.87 \cdot C/C)^2}} = 2$$

〈그림 17〉 카스토르는 광속의 87% 속도로 지구를 스쳐지나가는 폴룩스의 우주선을 망원경으로 보았다. 카스토르의 관점에서 볼 때 우주선의 길이는 반으로 줄어버렸다(왼쪽). 폴룩스는 광속의 87% 속도로 지나가는 지구를 우주선에서 바라보았다. 폴룩스의 관점에서 지구는 그 비행방향에서 볼 때 절반의 크기로 압축되었다(오른쪽).

카스토르의 관점에서 볼 때 우주선은 지구를 스쳐지나가는 바로 그 순간 $1/\gamma \cdot 200m=100m$라는 길이를 갖지. 카스토르가 보기에 우주선의 진행 방향과 수직을 이루는 폭은 폴룩스가 측정한 것과 똑같아. 그러니까 우주선의 폭은 100미터 그대로야(그림 17, 왼쪽).

그럼 폴룩스는 지구를 어떻게 볼까? 지구는 광속의 87% 속도로 우주선을 스쳐지나가고 있어. 그래서 폴룩스가 비행하는 방향의 관점에서 볼 때 지구는 절반의 크기로 압축되었겠지. 비행 방향과 수직을 이루는 차원들은 지구인들이 측정한 그대로야. 결과적으로 폴룩스에게 지구는 납작하게 찍어 누른 축구공과 같은 것이 되고 말아. 그 단면은 타원형을 이루겠지(그림 17, 오른쪽). 물론 공간 압축에 대해서는 항상 시간 팽창을 더불어 생각해야 해. 카스토르가 보기에 우주선에 탄 폴룩스는 굼벵이가 기어가는 것만 같을 거야. 카스토르의 관점에서 볼 때 우주선의 시간은 자신의 시간의 절반 정도 밖에 안 되는 속도로 흐르기 때문이지. 마찬가지로 폴룩스가 보는 지구의 모든 생명체는 마치 고속카메라로 찍어놓은 슬로비디오를 보듯 꼼지락거리기만 해. 폴룩스에게 지구의 시간은 우주선 시간의 절반에 해당하는 빠르기로 흐르기 때문이야.

12 4차원

시간 · 공간 간격은 절대적이다!

사람들은 흔히 상대성 이론을 두고 세계를 바라보는 인간의 건강한 상식을 뿌리째 뒤엎었다는 비난을 하곤 해. 모든 물리적 단위를 개인의 사적인 것으로 만들어버렸으며, 세상에 절대적인 것은 없다고 주장했다는 거야. 하지만 이는 상대성 이론에 대한 터무니없는 비난이야. 상대성 이론은 절대적인 모든 것을 없앤 게 아니야. 다른 절대적인 것으로 바꾸었을 뿐이지. 절대적인 것을 부정하는 것과 절대성을 보는 다른 기준을 내세웠다는 것 사이에는 엄청난 차이가 있어!

물론 시간과 공간이 그 절대성을 잃게 된 것은 사실이야. 하지만 그 대신 빛의 속도가 절대성의 왕좌를 차지했어. 벌써 몇 차례나 강조했지만 광속은 항상 299,792,458m/s라는 값을 가져. 물론 다른 절대적인 크기도 있지. 이런 절대적인 단위들을 이해하기 위해서는 좀 더 깊숙이 들어갈 필요가 있어. 일단 상대성 이론은 잊어버리고 뉴턴의 물리학 이야기부터 해보자.

지금 끝이 보이지 않는 넓은 평야의 일직선으로 난 국도에서 친구와 자전거를 타고 있다고 생각해봐. 평소 친구보다 열심히 훈련을 해두었던 덕에 친구를 한참 앞질러 갔지. 그런데 갑자기 휴대전화 벨이 울리는 거야. 친구가 전화를 한 것이지.

“지금 펑크가 났어. 펑크를 때울 수 있는 도구를 가져오지 않았는데, 좀 도와줄래? 나는 지금 37km 이정표 앞에 있어.”

“알았어, 금방 갈 게!” 이렇게 대답하며 마침 눈에 들어오는 이정표를 보니 42km라고 적혀 있어. 그럼 얼마나 되돌아가야 하는 걸까? 이 물음의 답을 얻으려면 친구가 서 있는 위치와 당신 자신의 위치를 먼저 알아낸 다음 그 간격을 알아내야 할 거야. 들판에 일직선으로 난 도로 위에 있으니 이런 문제를 푸는 것쯤이야 그야말로 1차원적인 것이지. 큰 수에서 작은 수를 빼면 간격을 알 수 있으니까. 그러니까 42km-37km=5km, 즉 친구에게서 5km 떨어져 있는 셈이지.

이런 계산은 이정표 덕분에 쉽사리 할 수 있어. 그렇지만 도로에 이정표가 서 있지 않다고 해서 이 간격이 변하는 것은 아니야. 혹은 이정표의 표시를 거꾸로 해두었다고 해서 바뀌는 것도 아니지. 빠르게 날아가는 비행기에서 거리를 재도 똑같이 5km일 거야.

뉴턴 물리학은 이런 것을 두고 절대적인 크기라고 해. 큰 값과 작은 값 사이의 차이를 x라고 하고, 당신과 친구 사이의 간격을 a_s라고 한다면 이 거리를 나타내는 공식은 두 가지로 생각할 수 있어. 물론 가장 간단한 것은 $a_s = x$이지. 여기서 x의 제곱을 구하고 다시 제곱근을 구해 봐도 간격에서 변하는 것은 없어.

$$a_s = \sqrt{X^2}$$

간단한 것을 뭐하자고 이렇게 복잡하게 만드나 하는 의문이 절로 들 거야. 하지만 나중에 자세히 보겠지만, 여기에는 그럴 만한 이유가 있어 (*as*에서 s는 공간Space을 나타내는 약자야. 그러니까 공간적 간격이라는 말이지. 나중에는 시간적 간격도 알아볼 거야).

2차원의 경우 간격 계산은 좀 더 어려워져. 〈그림 18〉에 나오는 지도를 한 번 봐봐. 지도 위에는 두 사람이 그려져 있지. 남자는 제이슨이고

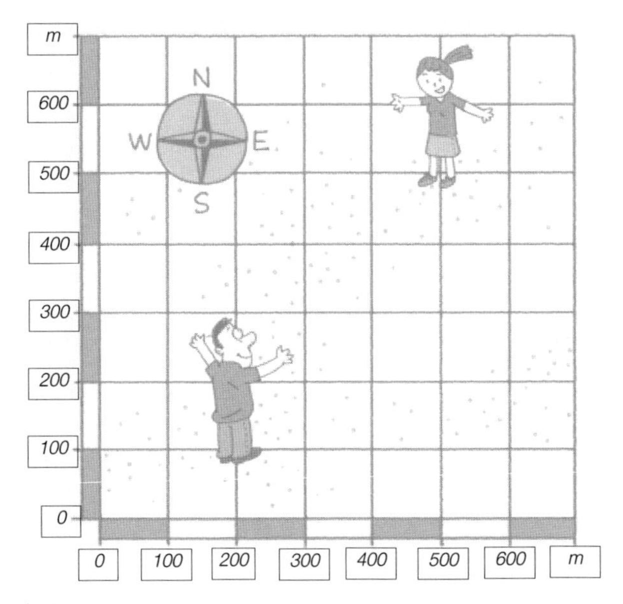

〈그림 18〉

여자는 메데아야. 두 사람이 각각 서 있는 위치는 숫자로 나타낼 수 있어. 이를 위해 지도의 밑변과 좌변에 수치를 적어놓았어. 이는 머릿속으로 생각한 선, 즉 남북 방향과 동서 방향을 가리키는 것이지.

제이슨은 밑변의 동쪽으로 200m 나아간 점 그리고 좌변에서 북쪽으로 100m 올라간 점에 자리를 잡고 있어. 메데아는 동쪽으로 500m 그리고 북쪽으로 500m 올라간 점에 서 있지. 자, 이제 같은 지도를 가진 사람과 전화를 하면서 자신이 서 있는 좌표의 값을 불러준다면, 상대방은 자신의 지도에 그 위치를 정확히 표시할 수 있을 거야. 물론 당신의 지도를 보지 않고서도 말이야. 지도가 전혀 다른 곳을 그린 것이라 하더라도 상관없어. 좌표 값만 안다면 그에 따라 위치를 찍을 수 있으니까.

또한 동서와 남북 방향을 나타내지 않은 지도를 가지고 있다 하더라도 두 사람의 위치를 좌표 값만 가지고 찍는 데는 아무런 문제가 없지. 두 사람이 떨어져 있는 간격만 알아내고자 한다면 어떤 지도를 보든 상관없어. 물론 간격을 계산하기 위해 좌표 값이 필요하기는 하겠지만, 지도가 어디를 그린 것인지가 중요한 게 아니니까. 그러니까 어떤 지도를 사용하든 간격은 언제나 동일하게 계산할 수 있지. 이런 2차원의 간격을 뉴턴 물리학은 절대 값이라고 불러. 간격 계산을 위해 〈그림 19〉를 보자. 두 사람이 동서 방향으로 떨어져 있는 간격 300m를 x라 하고, 남북방향으로 떨어진 400m를 y라고 부를 거야. 이제 두 간격 x와 y 그리고 두 사람 사이의 직선거리 a_s는 서로 직각삼각형을 이루지. 그러니까 피타고라스의 정리를 이용해 x와 y 그리고 a_s는 다음과 같은 식으로 나타낼 수 있어.

$$a_s^2 = x^2 + y^2$$

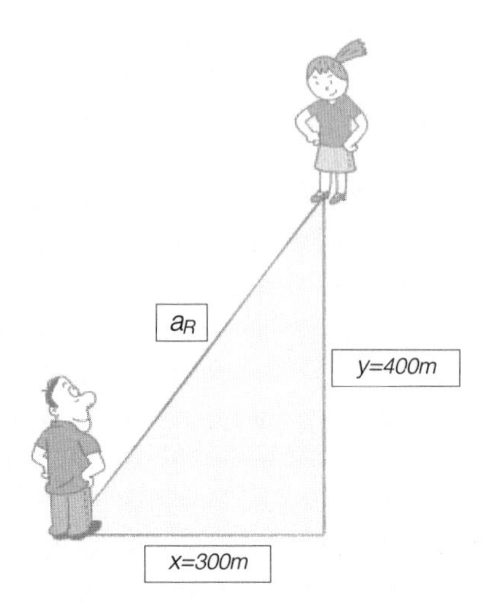

〈그림 19〉 제이슨과 메데아의 동서 간격 x와 남북 간격 y의 값을 알면 피타고라스의 정리를 이용해 두 사람 사이의 간격 a_s의 값을 계산할 수 있어.

이제 좌변을 제곱근으로 풀어버리자.

$$a_s = \sqrt{x^2+y^2}$$

x와 y에 그 실제 값을 대입해 보면 이러하지.

$$a_s = \sqrt{(300m)^2+(400m)^2} = 500m$$

사람들이 평지에 서 있는 게 아니라 산에 올라가 있다면, 문제는 3차원의 것이 돼. 이제 두 사람의 간격 계산을 위해서는 각각 서 있는 위치의 고도, 정확히는 해발고도를 고려해야 하지. 제이슨이 해발 50m 그리고 메데아가 150m 높이에 있다고 가정하자. 그럼 제이슨과 메데아가 서 있는 위치의 고도 차이는 100m가 돼. 이런 고도 차이를 앞으로 z라고 부르도록 하자.

이제 두 사람이 떨어져 있는 간격을 계산하기 위해 우리는 피타고라스의 '3차원' 정리를 이용할 거야.

$$a_s^2 = x^2+y^2+z^2$$

다시 좌변의 제곱근을 구해볼까.

$$a_s = \sqrt{x^2+y^2+z^2}$$

이제 식에 구체적인 수치를 넣어 계산하자.

$$a_s = \sqrt{(300m)^2+(400m)^2+(100m)^2} = 510m$$

뉴턴의 물리학에서는 1차원이나 2차원과 마찬가지로 3차원의 간격도 사용하고 있는 지도나 측정을 하는 인간, 탈 것의 속도 차이와 무관해. 그러니까 3차원의 간격 역시 뉴턴 물리학은 절대 값이라고 부르지.

계속 뉴턴 물리학에 머물러 있으면서 이제 시간의 간격을 생각해보자. 제이슨은 반가운 나머지 오른손을 들어 메데아에게 인사를 했어. 메데아는 답례를 해야 좋을지 잠깐 망설였지. 그러다 무례한 것보다는 낫겠다 싶어 잠깐 손을 흔들어줬어. 제이슨이 정확히 16시 25분에 인사를 했고, 메데아가 16시 26분에 답례를 했다고 가정해보자. 두 사람이 인사를 주고받은 데에는 어떤 시간적 간격이 있는 것일까? 계산은 아주 간단해. 나중 시간을 먼저 시간에서 빼면 간격은 1분이야. 여기서 시간을 자정으로 놓고 계산하든, 아니면 전혀 다른 시간, 예를 들어 예수 그리스도 탄생으로 잡든, 간격을 계산하는 데는 조금도 차이가 없어. 제이슨이 예수가 탄생한지 1,051,394,040분에 그리고 메데아가 1,051,394,041분에 인사를 했다고 해도 시간 차이는 여전히 1분이니까. 이 시간을 빠르게 날아가는 비행기에서 혹은 다른 별에서 측정을 하더라도 차이는 역시 1분일 따름이지. 두 시점 사이의 이런 간격 역시 뉴턴 물리학은 절대 값이라고 불러.

우리는 시간의 차이를 1차원 공간 간격처럼 복잡하게 표시할 수도 있어. 나중 시점에서 먼저 시점을 뺀 것을 t라고 하고, 두 시점 사이의 시간 간격을 a_t라고 한다면, 우리는 동일한 시간 간격을 두 개의 약자로 표현할 수 있지. 그리고 $a_t = t$는 당연히 다음과 같은 수식으로 바꿔줄 수 있어.

$$a_t = \sqrt{t^2}$$

상대성 이론을 연구하는 물리학자들은 '사건' 이라는 일반 개념을 즐겨 써. 이들이 보기에 우리 주변에서 일어나는 일들은 언제나 특정 공간과 특정 시간에 관련해 있기 때문이지. 그러니까 x라는 임의의 사건은 언제라는 시간과 어디라는 공간의 값을 반드시 가져야 하는 거야. 쉽게 말해서 장소와 시간을 함께 말해주는 게 사건이지. 못 때문에 자전거 타이어가 펑크 난 친구는 이정표 37km에서 14시 47분이라는 시간에 사건을 겪고 있는 거야.

지금까지의 이야기를 요약해볼까. 뉴턴 물리학에서 두 사건들의 공간 간격과 시간 간격은 절대 값을 가져. 누가 언제 어디서 보더라도 이 값은 전혀 변하지 않는다는 말이야.

이제 다시 아인슈타인 물리학으로 넘어가보자. 상대성 이론에서 시간과 공간은 개인의 사적인 문제야. 저마다 다른 기준의 시간과 공간을 가지고 있다는 뜻이지. 이는 곧 두 사건의 공간 간격과 시간 간격을 서로 다른 속도를 갖는 두 대의 우주선에서 재는 것과 똑같다는 말이야. 이 이야기는 앞에서 몇 차례 설명했던 거야.

물론 시간·공간 간격으로 불리는 값은 절대적이지. 두 사건의 시간·공간 간격을 일단 측정한 사람은 누구든지 언제 어떤 속도로 이 사건들에 상대적으로 움직이더라도 늘 똑같은 값을 갖는다는 말이야. 그런데 시간·공간 간격이라는 게 뭘까?

이 물음에 답하기 위해 앞서 예로 들었던 아르고와 하데스 우주선들을 생각해보자. 아르고와 하데스는 동서 방향의 반대편에서 서로 다른 속도로 날아가고 있어. 어느 날인가 서로 마주친 두 우주선은 다시 멀어질 거야. 이 만남이 우리의 첫 번째 사건이야.

아르고의 선장 제이슨은 자신과 아르고가 우주의 움직이지 않는 중심이라고 생각해. 그리고 아르고를 스쳐간 하데스가 v라는 속도로 동쪽으로 멀어지고 있다고 보지. 어느 정도 시간이 흐른 다음, 제이슨은 시계를 보며 두 우주선이 만난 이후 t_A라는 시간이 흘렀음을 확인했지. 이렇게 시계를 본 게 우리의 두 번째 사건이야.

이제 γ의 도움을 받아 제이슨은 하데스와 만나고 나서 흐른 시간 t_H가 얼마나 되는지 계산할 수 있어(여기서 A는 아르고를, H는 하데스를 각각 나타내).

$$t_H = \gamma \cdot t_A$$

이제 기호 γ에 그 값을 집어넣자.

$$t_H = \frac{1}{\sqrt{1-(V/C)^2}} \cdot t_A$$

공식의 양변에 $\sqrt{1-(V/C)^2}$를 곱하자.

$$\sqrt{1-(V/C)^2} \cdot t_H = t_A$$

이제 방정식의 양변을 제곱한다.

$$(1-(V/C)^2)^2 \cdot t_H^2 = t_A^2$$

다시 양변에 $(-C^2)$을 곱해주자.

$$-C^2 \cdot (1-(V/C)^2)^2 \cdot t_H^2 = -C^2 \cdot t_A^2$$

그런 다음 좌변의 괄호를 풀어버리자.

$$-c^2 \cdot t_H^2 + v^2 \cdot t_H^2 = -c^2 \cdot t_A^2$$

마지막으로 제곱을 괄호로 묶고 순서를 바꾸어주자.

$$(v \cdot t_H^2) - (c \cdot t_H)^2 = -(c^2 \cdot t_A)^2$$

이제 같은 순간을 하데스의 선장 케이런의 눈으로 보면 어떨까? 그는 아르고 호가 두 우주선이 마주친 다음 v라는 속도로 서쪽을 향해 멀어지고 있는 것을 볼 거야. 시간 t_H가 흐르고 난 다음 케이런의 관점에서 본 두 우주선의 간격은 다음과 같아.

$$x_H = v \cdot t_H$$

이것은 앞에서 만들어본 공식의 괄호 안에 등장하는 내용이야. 그러니까 $v \cdot t_H$를 x_H로 바꿔 넣어보자.

$$x_H^2 - (c \cdot t_H)^2 = -(c \cdot t_A)^2$$

모든 수학 공식에는 그 값을 변하게 만들지 않으면서 식을 변형하기 위해 0을 더해줄 수 있어. 이 방법을 한 번 써보자.

$$x_H^2 - (c \cdot t_H)^2 = 0 - (c \cdot t_A)^2$$

다시 제이슨 선장의 입장으로 돌아가보자. 제이슨은 자신의 우주선을 우주의 정지해 있는 중심으로 보고 있기 때문에, 하데스 호와 만난 다음 그 위치에서 조금도 움직이지 않았어. 바꿔 말하면 아르고 호는 만난 장소에서 $x_A=0$ 만큼 움직인 거야. x_A는 0이라는 값을 가지니까, 우리는 x_A나 x_A^2를 식에 조금도 변화를 주지 않으면서 더할 수 있어.

$$x_H^2 - (c \cdot t_H)^2 = x_A^2 - (c \cdot t_A)^2$$

이제 양변에서 제곱을 풀어버리자.

$$\sqrt{x_H^2 - (c \cdot t_H)^2} = \sqrt{x_A^2 - (c \cdot t_A)^2}$$

마지막으로 우리가 시간 · 공간 간격이라고 부르는 것을 a라는 기호로 나타내보자.

$$a = \sqrt{x_A^2 - (c \cdot t)^2}$$

제이슨과 케이런이 측정한 두 사건의 시간 · 공간 간격은 다음과 같이 나타내줄 수 있어.

$$a_A = \ x_A{}^2 - (c \cdot t_A)^2$$

$$a_H = \sqrt{x_A{}^2 - (c \cdot t_H)^2}$$

자, 이제 위의 두 식을 놓고 지금까지 시간 · 공간 간격을 놓고 생각한 것을 간단하게 정리할 수 있어. 그 결과는 $a_H = a_A$이야.

이 결과는 무엇을 의미하는 것일까? 두 번째 사건, 그러니까 제이슨이 시계를 본 것은 제이슨의 관점에서 보면 시간 간격 t_A에 첫 번째 사건, 즉 두 우주선이 만난 사건의 공간 간격 x_A에서 일어난 일이야. 케이런의 생각에 따르면 두 사건은 시간 간격 t_H와 공간 간격 x_H를 사이에 두고 일어난 일이지. 두 선장은 시간 간격도 공간 간격도 합의를 볼 수가 없어. 서로의 관점에서 보면 차이가 날 수밖에 없으니까. 하지만 시간 · 공간 간격은 달라. 이것은 제이슨이 측정한 것이든 케이런이 측정한 것이든 똑같게 나오지. 지금 우리가 살펴본 시간 · 공간 간격은 1차원에 해당하는 것이야. 그러나 더 높은 차원으로 확장하는 것은 아주 간단해. 3차원에서 시간 · 공간 간격은 다음과 같아.

$$a = \sqrt{x^2 + y^2 + z^2 - (c \cdot t)^2}$$

아인슈타인의 생각에 따르면 3차원에서 공간 간격과 시간 간격은 절대적이지 않아. 둘은 사건들과 그 사건을 측정하는 사람 사이의 속도 차이가 얼마나 크냐에 따라 달라지지. 반대로 시간 · 공간 간격은 절대적이야. 두 사건들의 시간 · 공간 간격을 측정하는 사람은 그가 이 사건들에 상대적으로 어떤 속도를 갖든지 똑같은 값을 가져.

이제 무대를 바꿔서 우주에서 지구로 돌아와보자. 이번에는 미국 서부의 초원으로 가볼까.

초원에서 두 명의 카우보이가 만났어. 한 쪽에서 물었지. "도지Dodge 도시까지는 얼마나 가야 해요?" 다른 쪽이 대답했어. "네 시간은 더 가야 할 거요."

공간상으로 거리가 얼마나 떨어졌는지 묻는 질문에 두 번째 카우보이는 거리를 나타내는 단위가 아닌 시간으로 대답을 했어. 그래도 무얼 말하는지는 분명하지. 첫 번째 카우보이가 그냥 보통 속도로 말을 타고 계속 간다면, 도지 시까지 네 시간 걸린다는 말이니까. 또 그게 카우보이가 듣고 싶었던 말이기도 할 거야. 그러나 실제로 거리를 알아내기 위해서는 네 시간을 속도로 곱해야 하겠지.

그게 어떤 속도인지 정할 수 있다면 거리를 묻는 질문에 시간으로 대답해주어도 상관없어. 서부영화의 주인공뿐만 아니라 우주인도 이런 방법을 쓰지. 천문학자들은 우주에서 별들이 서로 떨어져 있는 거리를 광초(光秒), 광분(光分), 광년(光年) 등으로 나타내기도 하지. 서부영화의 카우보이들처럼 특정 속도, 즉 광속에 합의를 본 거야. 그러니까 광초는 빛입자 하나가 1초에, 광분은 1분에, 광년은 1년에 나아가는 거리를 나타내는 표현이지. 물론 광초와 광분과 광년을 미터 단위로도 환산할 수 있어. 그것들에 광속을 곱해주기만 하면 되지.

몇 초 × 광속 = 나아간 거리(미터)

빛이 초당 나아간 거리는 다음과 같이 계산할 수 있어.

$$1s \cdot 299{,}792{,}458\text{m/s} = 299{,}798{,}458\text{m}$$

이런 방식으로 광분은 1분에 1,800만 킬로미터를, 광년은 1년에 약 9조 5,000억 킬로미터를 나아가는 것으로 계산할 수 있지. 이렇듯 시간 단위로 보면 지구에서 달까지 빛이 가기 위해서는 1초가 조금 넘게 걸리며, 태양까지는 약 8분 그리고 베가라는 이름의 별까지는 26년이 걸리지.

물론 거꾸로 시간을 거리로도 표현할 수 있어. 이는 상대성 이론을 다루는 많은 물리학자들이 쓰는 방법이야. 여기서도 특정 속도에 합의를 봐야 해. 당연히 광속을 그 속도로 택하지. 1미터의 길이를 가는 데 하나의 빛 입자가 필요로 하는 시간을 계산해보는 식이야. 빛이 나아간 미터를 초 단위로 환산하기 위해서는 나아간 거리를 광속으로 나누면 돼.

$$\frac{\text{빛이 나아간 미터}}{\text{광속}} = \text{걸린 시간}$$

그러니까 하나의 빛 입자가 1미터를 가는 데 걸린 시간은 이러해.

$$\frac{1m}{299{,}792{,}458m/s} = 0.000000003335641s$$

아예 한 걸음 더 나아가 이렇게 말할 수도 있어. "뭐하는 데 초나 분 같은 단위가 필요해? 나는 그런 걸 완전히 포기하고 오로지 미터로만 나타낼 거야." 이렇게 하면 여러 가지 흥미로운 변화가 따라와. 예를 들어

속도를 나타내는 단위도 변해야만 하니까.

속도라는 것은 나아간 거리를 거기에 필요한 시간으로 나눈 것이야. 거리를 미터로, 시간을 초로 나타낸 것이 m/s라는 속도의 단위이지. 그럼에도 거리와 시간을 미터로만 나타내면 속도라는 단위는 m/m가 되지. 그렇다면 분모와 분자가 같으니까 이 값은 1이 될 거야. 이로써 속도는 단위가 없는 물리적인 값이 되어버렸어.

여기서 그치는 게 아니지. 지금까지 가장 빠른 속도, 즉 광속은 너무나 어마어마해서 잘 기억하기도 어려운 299,792,458m/s라는 값으로 표시해왔어. 이제 1초라는 것은 하나의 빛 입자가 1초 동안 간 거리와 같으니까 아예 1초를 299,792,458m로 나타낼 수도 있을 거야. 이게 무슨 말인지는 다음 공식을 보면 알아.

$$c = \frac{299,792,458m}{1s}$$

이제 분모의 1s에 299,792,458m를 집어넣어봐.

$$c = \frac{299,792,458m}{299,792,458m} = 1$$

이로써 광속은 단위가 사라진 1이라는 숫자가 되어버렸어. 그럼 다른 모든 속도들은 0에서 1 사이의 값을 갖겠지. 어때? 아주 간단하고 멋지지 않아? 예를 하나 더 살펴보자. 만약 어떤 로켓의 속도가 0.25라고 한다면, 이 로켓은 광속의 1/4로 날아가는 거야. 이런 식의 표기는 로켓의 속도가 74,948,114.5m/s라고 말하는 것보다 아주 간단하고 분명하지.

‖ 〈그림 20〉 시간 표시는 반드시 연월일로 해야만 하는 것은 아니다.

우리가 지금껏 초 단위로 이야기해온 시간과 이제부터 미터로 이야기할 시간을 혼동해서는 안 돼. 우리는 초 단위 시간을 지금까지처럼 소문자 t로 표기할 것이고, 미터 단위 시간은 대문자 T로 나타낼 거야.

이제 다시 시간 · 공간 간격의 문제로 돌아가 보자. 두 사건들의 공간 간격 a_s와 시간 간격 a_t는 다음과 같이 나타낼 수 있어.

$$공간: a_s = \sqrt{X^2+Y^2+Z^2}$$

$$시간: a_t = \sqrt{T^2}$$

이 두 간격은 모두 미터로 나타낸 거야. 상대성 이론의 시간 · 공간 간격 a는 시간 간격과 공간 간격의 혼합이지.

$$a = \sqrt{X^2+y^2+Z^2-T^2}$$

시간과 공간의 혼합에 대해 좀 더 자세히 살펴보자.

1차원: $a_s = \sqrt{X^2}$

2차원: $a_s = \sqrt{X^2+y^2}$

3차원: $a_s = \sqrt{X^2+y^2+Z^2}$

3차원+시간: $a_s = \sqrt{X^2+y^2+Z^2-T^2}$

간격을 나타내는 공식은 하나의 차원에서 다음 차원으로 넘어갈 때 아주 간단한 규칙적인 모습을 보여주고 있어. 루트 기호 아래서 각 간격의 제곱을 계속 더해주고 있잖아. 1차원에서는 한 간격만을 제곱한 것을 루트로 풀고 있지. 2차원에서는 그게 두 개야. 또한 3차원에서는 간격 제곱이 세 개인 것이고, 4차원이라는 게 있다면 이제 다시 하나의 간격 제곱이 또 따라붙겠지.

그러나 우리는 4차원이 아니라 하나의 시간 차원을 가지고 있어. 그리고 이 시간 차원은 미터로 표현했지. 그러니까 시간 차원을 공간 차원과 똑같이 다룬 거야. 이제 그 제곱을 루트 안에서 더해준 게 아니라 빼고 있어. 이런 작은 차이만 무시한다면 시간 간격은 공간 간격들과 똑같아. 그래서 우리는 시간을 종종 4차원이라고 부르지. 그렇지만 정확히 하자면 루트 안의 마이너스(-)를 무시해서는 안 돼. 이는 다시 말해서 시간이 공간 차원과 비슷하기는 하지만 똑같지는 않다는 뜻이야.

지금까지의 이야기를 요약해보자. 뉴턴의 정밀하지 않은 물리학에서 빛의 속도는 상대적이었어. 바꿔 말해서 뉴턴 물리학에서는 빛의 속도가 그 속도를 측정하는 사람에 따라 달라져. 반대로 두 사건의 공간 간격과 시간 간격은 절대적이야. 그러니까 속도를 측정하는 사람이 누구든 똑같다는 거지. 그러나 아인슈타인의 물리학에 들어오면서 사정은 완전히 달라져. 아인슈타인 물리학에서 광속은 절대적이야. 거꾸로 두 사건의 시간 간격과 공간 간격은 상대적이지. 속도를 측정하는 사람의 관점에 따라 달라지기 때문이야. 물론 시간 · 공간 간격은 절대적이지. 시간이란 네 번째 공간 차원과 거의 같은 것이니까.

괴팅겐의 수학자 헤르만 민코프스키는 아인슈타인이 상대성 이론을 발표한 직후, 이 이론을 집중적으로 연구하고 그 수학 공식을 개선했어. 그리고 1908년 아주 유명한 강연을 했지.

"지금부터 공간 자체와 시간 자체는 완전히 그늘에 묻히고 말 것이다. 이제 독립적으로 살아남는 것은 시간과 공간이 이루는 일종의 연합뿐이다."

13 보존법칙

총액에는 절대 변함이 없다!

지금부터 지구상의 그 어떤 나라도 새로운 돈을 찍을 수 없다고 해. 또 누구도 돈을 없애서는 안 돼. 그럼 지구상의 돈의 총액은 언제나 똑같겠지. 이런 총액의 불변성은 물론 전 세계적으로만 이야기할 수 있는 것일 뿐, 개개의 국가나 개인들에게는 해당되지 않아.

내가 가지고 있는 돈의 액수는 늘 변하니까. 내 돈은 시간이 가면서 더욱 많아지기도 하고 줄어들기도 하겠지. 심지어 빚을 지면 마이너스 상태가 되기도 해. 이것은 세상 사람들 모두에게 해당되는 말이야. 누구의 재산도 늘 한결같을 수는 없으니까.

그럼에도 세상의 돈의 총액은 결코 변하지 않아. 물리학자들은 이런 경우를 두고 좀 장황하게 말했어. "돈의 총액은 일종의 보존법칙이다."

뉴턴 물리학이 말하는 돈은 질량, 운동량, 에너지 등을 뜻해. 우주에서 질량의 총합, 운동량의 총합, 에너지의 총합은 결코 변하지 않는 고정값을 지녀. 질량의 합, 운동량의 합, 에너지의 합을 우주에 있는 물체들이 나누어 쓰고 있는 것이지.

돈이 사람들 사이에서 끊임없이 흐르면서 누구는 많이 또 누구는 적게 갖는 것과 같이 질량과 운동량과 에너지는 우주의 수많은 물체들이 서로 주고받고 있어. 그러니까 우주의 그 어떤 물체도 항상 같은 양의 질량, 운동량, 에너지 등을 가질 수는 없는 거야.

물리학자들은 우주의 총질량, 총운동량, 총에너지 등을 뉴턴 물리학의 보존법칙에 해당하는 것으로 보고 있어. 이런 것들은 물리학을 떠받드는 주요 기둥들 가운데 하나로 물리학 문제들을 푸는 데 있어 가장 효과적인 도구이지.

물리학에는 보존법칙에 해당하는 게 더욱 많아. 하지만 지금 우리 이야기에는 별로 중요하지 않은 것들이니까 다루지 않을게.

어떤 나라가 다른 나라와의 돈 거래를 끊었다고 가정해보자. 그럼 이 나라에서 흘러나가는 돈은 더 이상 없겠지. 물론 들어오는 돈도 없을 테고 말이야. 그렇게 되면 이 나라의 돈의 총액은 변하지 않을 거야. 보존법칙이 적용되는 거지.

이와 똑같은 현상이 우주의 질량과 운동량 그리고 에너지에서도 일어나. 예를 들어 어떤 집의 질량이 더 이상 빠지지도 늘어나지도 않는다면 이 집의 총질량은 항상 일정하겠지. 물론 집 안에서야 질량이 항상 옮겨 다니고 있지.

지붕에서 거실로 내려오는가 하면 다시 거실에서 부엌으로 또 욕실로 혹은 지하실로 계속 질량의 이동은 일어나고 있어. 물리학자들은 이

〈그림 21〉돈에는 질량, 운동량, 에너지 등과 똑같이 보존법칙이 적용된다.

처럼 외부와는 차단된 채 그 안에서만 질량의 이동이 이뤄지는 것을 두고 '완결된 체계'라고 불러. 다시 말해서 완결된 체계의 총질량은 언제나 똑같은 값을 가져. 결코 변하는 일이 없지.

앞에서 예로 들어본 집이 바로 완결된 체계야. 외부에서 그 어떤 운동량이 들어오지 않고, 또 외부로 나가지도 않는 것은 운동량의 완결 체계이지. 외국과의 돈 거래를 일체 끊어버린 나라는 돈의 완결 체계라 할 수 있지.

지금 우리는 질량과 운동량 그리고 에너지의 중요한 성질을 알게 되었지만, 아직도 양(量)이라는 게 뭔지 정확히 몰라. 다음 장들에서는 양이 라는 게 무엇인지 정확히 알아보도록 하자.

14 아이작 뉴턴에 따른 질량

형태가 변해도 달라지지 않는 값

이제 우리는 상대성 이론은 잠시 잊어버리고 뉴턴 물리학에 대해서만 이야기할 거야. 뉴턴은 새로운 자동차가 갖고 싶어졌어. 그것도 아주 멋진 승용차로 말이야. 신호등에서 대기하고 있다가 부드럽게 앞으로 치고 나가며, 앞이 잘 보이지 않는 짧은 곡선 구간에서도 단숨에 추월할 수 있는 힘을 가진 것으로!

"그럼 이 차를 타보시죠." 자동차 판매원이 고개를 끄덕이며 빨간 스포츠카를 가리켰어. 물 흐르듯 유려한 곡선을 자랑하는 차였지. "가속이 참 환상적이에요. 0에서 100까지 10초면 충분합니다!"

뉴턴은 차를 몰고 고속도로로 나가 시운전을 해봤어. 판매원의 말은 사실이었지. 가속페달을 깊숙이 밟아주자 정지 상태에서 시속 100km/h에 이르는 데 10초밖에 걸리지 않을 정도로 엔진의 힘이 대단했어. 차에

흠뻑 빠진 뉴턴은 곧바로 스포츠카를 구입했지.

며칠 뒤 뉴턴은 가족과 함께 차를 타고 휴가 여행을 떠났어. 아내와 세 명의 아이들이 탔으며 트렁크에는 짐으로 가득했지. 게다가 작은 짐차까지 뒤에 연결했어. 그런데도 자동차는 정지 상태에서 100km/h까지 거뜬하게 가속을 붙였어. 물론 이번에는 시간이 20초로 늘어났지만 말이야.

"어째서 차가 이렇게 힘을 내지 못할까? 속도가 훨씬 천천히 올라가네?" 뉴턴은 고개를 갸웃했어. "모터 힘의 문제는 아닐 거야. 힘은 변한 게 전혀 없잖아."

우주에 있는 모든 물건은 어떤 힘이 그것을 누르거나 잡아끌면 속도가 변해. 물론 같은 힘에도 물건마다 보여주는 속도 변화는 다르지. 차가 텅 비었을 때는 모터 힘이 10초 만에 0에서 100까지 거뜬하게 속도를 올려주지만, 사람과 짐을 가득 태웠을 때는 같은 힘을 가지고도 20초가 걸리지.

어떤 물건이 일정한 힘에 얼마나 빠르게 혹은 더디게 반응하는가 하는 것은 바로 그 물건이 갖는 고유한 속성이야. 형태나 크기 등을 두고 속성이라고 하는 것과 마찬가지이지. 물리학은 이런 속성을 '질량'이라고 부르고 킬로그램(kg)으로 측정해. 한 물체의 질량이 크면 클수록 그만큼 힘에 반응하는 속도는 느려져. 바꿔 말해서 그만큼 속도가 느리게 바뀌는 것이지. 뉴턴이 자동차의 질량을 높였기 때문에 모터는 0km/h에서 100km/h까지 가속하는 데 원래의 10초 대신 20초가 걸린 거야.

뉴턴 이론에 따르면 하나의 물체는 거기에 물질이 더해지거나 빠지지 않는 한 언제나 같은 질량을 가져. 그 물체가 어디에 있든, 차갑든 뜨겁든, 어떤 형태를 하고 있든, 얼마나 빨리 움직이든 상관없이 질량은 언제나 같아. 그러니까 질량이란 물리학적으로 누가 측정해도 똑같은 절대적인 양이야.

사람들은 흔히 질량과 무게를 같은 것으로 보고 둘 다 킬로그램으로 측정하지. 하지만 물리학의 입장에서 보면 이는 정확한 게 아니야. 어떤 물체의 무게는 지구가 끌어당기는 중력이야. 결코 언제 어디서나 똑같은 게 아니지. 에베레스트 산 위에서 사람의 몸무게는 함부르크에서보다 적게 나가. 달에서 체중을 재면 지구에서의 무게에 1/6밖에 되지 않아. 하지만 질량은 에베레스트 산에서든 함부르크에서든 달에서든 똑같아. 몸무게는 어느 곳에서 측정하느냐에 따라 줄어들 수도 있지만, 질량을 줄이는 데는 한 가지 방법밖에 없어. 다이어트를 해서 물질(지방)을 줄여버려야 하지.

완벽하게 차단되는 창문과 문을 가진 우주정거장을 상상해봐. 어떤 물질도 정거장 안으로 들어갈 수도 나올 수도 없어. 사람이나 물건은 말할 것도 없고, 그 어떤 액체나 기체도 드나들 수 없는 곳이야. 결국 이 우주정거장은 일종의 완결된 체계이지. 정거장 안에서는 한참 작업이 벌어지고 있어. 철판을 자르고 나사를 깎아가면서 기계를 조립하고 있지. 우주인들의 땀이 쉴 새 없이 바닥에 떨어져. 우주정거장 내부에서 물질은 늘 다르게 분할되지. 하지만 전체 질량은 늘 똑같아.

우주를 완벽하게 차단되는 문과 창문을 갖는 우주정거장이라고 생각해봐. 그 어떤 물질도 들어갈 수 없으며 나오지도 않아. 그럼 우주의 전체 질량은 늘 똑같겠지. 이런 게 바로 보존법칙에 해당하는 질량이야.

이런 깨달음은 그리 오래된 게 아니야. 18세기에 들어선 지 한참 지났을 때조차 과학자들은 태워버리면 질량이 없어진다고 생각했어. 두 눈으로 보면 그야말로 불 보듯 뻔한 일이지. 엄청나게 큰 장작더미를 쌓아놓고 불을 질렀다고 해보자. 장작을 마련하는 데만 몇 대의 마차들이 오가야 했어. 그런데 그 엄청난 양의 장작들이 불에 타고 나면 단 한 사람이 양동이에 쓸어 담을 수 있을 정도의 잿더미밖에 남지 않잖아.

프랑스의 화학자 앙투안 로랑 라부아지에는 이게 어찌된 일인지 정확하게 알려고 덤볐지. 그는 유리병에 나뭇조각을 넣고 불을 피운 다음 뚜껑을 꼭 닫았어. 남은 것은 예상대로 한 줌의 재였어. 그러나 이번에는 연기가 빠져나가지 않고 병 안에 그대로 남아 있었던 터라 무게는 태우기 전과 똑같았지. 당시 사람들은 라부아지에의 이러한 실험 결과를 보고 눈이 휘둥그레졌지. 저울의 눈금이 나무를 태우기 전과 태우는 동안 그리고 태우고 난 후 조금도 변하지 않았거든. 그러니까 질량은 불에 태운다고 해서 줄어드는 게 아니야. 고체에서 기체와 고체로 형태만 바뀌었을 뿐이지. 나무와 공기 중의 산소가 만나 재와 연기입자 그리고 연소가스로 변해버린 것이야. 이 실험을 통해 라부아지에는 다음과 같은 결론을 내렸어. "우주의 전체 질량은 변하지 않는 일정한 값을 갖는다."

정지해 있던 어떤 물체가 특정 시간 t를 통해 일정 속도 v에 이르렀을 때 우리는 이 관계를 다음과 같이 나타내.

$$\frac{\text{도달한 속도}}{\text{걸린 시간}} = \text{가속}$$

'가속' 이라는 개념을 a라는 기호로 나타낸다면 위의 식은 다음과 같이 정리할 수 있지.

$$\frac{v}{t} = a$$

물체의 질량이 커질수록 특정 힘에 의해 일어나는 가속의 값은 작아져. 바꿔 말하면 그만큼 물체를 특정 속도에 올려놓는 시간이 더 오래 걸리지. 예를 들어 어떤 물건의 질량을 두 배로 늘린다면, 가속의 값은 절반으로 떨어지고 말아.

질량을 세 배로 늘린다면, 가속 값은 1/3로 떨어지지. 어떤 물체의 질량을 m으로, 힘을 F로 각각 나타낸다면, 이런 관계를 아주 간단한 수식으로 표현할 수 있어.

$$\frac{F}{m} = a$$

이 식은 물리학의 유명한 공식 가운데 하나로, '뉴턴의 제2법칙' 이라고 불려. 아이작 뉴턴은 이 공식을 1687년 그의 저서 『프린키피아』에서 발표했지. 이 공식은 양변에 똑같이 m을 곱해 '$F = m \cdot a$' 로 고친 다음, 질량 m을 갖는 물체가 가속 a를 얻으려면 힘 $F = m \cdot a$가 필요하다는 것으로 읽을 수 있어.

그러니까 1000kg의 자동차가 정지 상태에서 10초 만에 108km/h=30m/s²라는 속도에 도달하려면, (30m/s)/10s=3m/s²으로 가속이 되어야 해. 이때 모터는 1000kg·3m/s=3000kg·m/s²의 힘이 필요하지.

이런 힘을 말할 때마다 '킬로그램을 초의 제곱 나누기 미터에 곱해주기 kg·m/s²' 라고 장황하게 표현하지 않기 위해 사람들은 특정 단위를 만들어냈어. 아이작 뉴턴을 기리기 위해 뉴턴이라고 명명한 이 단위는 보통 N이라는 기호로 나타내지. 그러니까 앞의 예에서 자동차 엔진은 3000Newton이라는 힘을 가져야만 하는 거야.

앙투안 로랑 라부아지에

Antoine Laurent Lavoisier(1743~1794)

그는 1743년 8월 26일 프랑스 파리에서 태어났다. 파리 대학교에서 법학을 전공한 그는 1763년에 공부를 마쳤다. 그러나 법률가로 일하는 대신 라부아지에는 지학地學 프로젝트에 참여해 연구했다. 나중에는 화학에 몰두했다. 1768년 그는 개인 세금징수회사를 차려 여기서 얻은 수익으로 개인 화학실험실을 운영했고, 1775년부터 왕실의 화약고 책임을 맡았다.

그의 첫 번째 과학 논문은 석고를 다룬 것이다. 그는 화학 과정 이전과 이후에 정확한 무게 측정을 실행한 최초의 인물이다. 또 연소의 결과물, 즉 재와 연기가 원래 물질보다 조금 더 무겁다는 것을 밝혀냈다. 그는 그 이유를 불이 타면서 공기 가운데 산소를 받아들인 것에서 찾았다. 또한 그 어떤 화학반응에서도, 그러니까 연소를 통해서도 질량은 소멸되지 않는다는 것을 증명해냈다(질량 보존법칙). 1778년에 라부아지에는 공기가 최소한 두 개 이상의 기체들로 이뤄져 있다는 것을 밝혀냈다. 하나는 산소라고 이름을 붙였으며, 다른 하나는 '아조트azote' 라고 불렀다. 이 '아조트' 는 나중에 질소라는 새로운 이름을 얻었다.

1780년대 그는 수소 기체를 입증해 보이는 데도 성공했다. 1787년 그는 몇몇 다른 화학자들과 더불어 '화학 원소 명명법' 을 발표했다. 이는 화학 원소들의 결합을 각 원소의 기호로 나타내는 방식을 정리한 것이다.

프랑스 혁명 동안 그는 파리의 혁명 재판 법정에서 왕실의 화약고 책임자를 지낸 것과 세금징수원으로 일한 죄를 추궁 받아 1794년 5월 5일 파리에서 처형당했다.

15 운동량

질량에 속도를 곱한 것의 정체

우주의 모든 물체는 여러 가지 속성들을 동시에 가져. 그 가운데 하나는 특정한 속도 값을 갖는 것이고, 두 번째는 특정 질량 값을 갖는다는 거야. 물리학에서는 이 두 가지 속성을 함께 묶어 질량에 속도를 곱해준 것을 그 물체의 운동량이라고 부르지. 운동량은 보통 p라는 기호로 나타내.

물체의 운동량=물체의 질량×물체의 속도

이러한 식을 기호로만 나타내면 다음과 같아.

$$p = m \cdot v$$

어떤 물체의 속도가 변한다는 것은 그것에 제동을 걸어주거나 가속을 붙여주는 힘이 작용했다는 이야기야. 그러니까 어떤 힘도 작용하지 않았고, 아무도 물체에서 그 구성 성분을 빼거나 더하지 않았다면, 속도와 질량은 일정한 수준을 유지하지. 이런 경우에는 운동량도 마찬가지야.

다시 앞에서 예로 들었던 우주정거장으로 되돌아가보자. 정거장에는 속도가 변할 수 있는 많은 물건들이 있어. 예컨대 나사못 하나가 재고 창고의 선반에 놓여 있다가(v=0km/h) 작업장으로 옮겨져(v=3km/h) 다시 거기에 놓이지(v=0km/h).

물건들도 언제나 같은 질량만을 갖는 것은 아니야. 1kg 쇳덩이에 구멍을 하나 내는 바람에 그 질량은 이제 0.9kg가 될 수도 있어. 그러니까 우주정거장 물건들의 운동량은 끊임없이 변해.

우주정거장에 외부로부터 어떤 힘도 가해지지 않았다고 한다면, 그러니까 누구도 밖에서 창문을 통해 정거장 안에 있는 물건을 빼내거나 새로 집어넣지 않았다면, 정거장의 전체 운동량은 조금도 변하지 않아. 바꾸어 말하면 전체 운동량은 일정하지. 그렇다고 해서 정거장 안에 있는 물건 하나하나의 운동량이 일정한 것은 아니야.

우주정거장의 운동량은 한 나라의 돈의 총액과 같아. 외국과의 돈 거래를 완전히 끊어버린다면, 그 나라의 돈의 총액은 언제나 일정하지. 그렇지만 나라 안 국민들 사이에서는 돈 거래가 활발하게 계속 일어나. 마찬가지로 정거장에 있는 어떤 물건의 운동량은 역시 정거장 안에 있는 다른 물건으로 전달되곤 해. 그러니까 정거장 안에서는 어떤 물건도 항상 똑같은 운동량을 갖지 않아. 그렇지만 운동량 전체는 변하지 않지.

물론 운동량이라는 것은 질량보다 훨씬 복잡한 물리학 단위야. 운동량이라는 화폐에는 세 가지 종류가 있어. 물론 각 화폐 단위의 전체 총액은 일정해. 운동량의 종류는 운동량을 가지고 있는 것이 어떤 방향으로 움직이는지에 따라 정해지지. 쉽게 설명하기 위해 이 세 가지 방향들을 남북 방향, 동서 방향 그리고 위아래 방향으로 불러볼게.

남북 방향으로 움직이는 모든 물체의 전체 운동량은 불변의 고정 값을 가지고 있어. 나머지 두 방향들에서 움직이는 물체들에 있어서도 사정은 마찬가지야. 한 사람이 동시에 달러와 유로 그리고 원화를 가질 수 있는 것처럼 하나의 물체는 동시에 남북 방향과 동서 방향과 위아래 방향의 운동량을 가지지. 예를 들어 비행기가 북동쪽으로 날아간다면, 이 비행기는 남북 방향 운동량과 동서 방향 운동량을 동시에 갖는 것이지.

이런 운동량들을 합산하는 것은 생각보다 상당히 까다로운 문제야. 돈 계산을 하는 것과 비슷하다고나 할까. 예를 들어 여러분이 은행 계좌에 70만 원의 대출금을 가지고 있고, 지갑에는 50만 원의 현금을 지녔다고 가정해보자. 그럼 여러분이 가진 재산은 얼마인 걸까? 70만 원+50만 원=120만 원?

물론 아니지. 대출금은 마이너스이고 현금은 플러스니까 계좌에 −70만 원을, 지갑에는 +50만 원을 가지고 있는 셈이야. 즉, (−70만 원)+(+50만 원)=−20만 원이지. 그러니까 여러분은 20만 원의 빚을 지고 있는 셈이야.

운동량이라는 것도 마이너스와 플러스라는 두 가지 값을 가져. 세 가지 종류의 운동량, 즉 남북 기준 운동량, 동서 기준 운동량 그리고 위아래 기준 운동량은 각각 그 운동량을 가지고 있는 것이 움직이는 두 가지 방향을 생각할 수 있거든. 그러니까 운동량에 있어 마이너스와 플러스라

〈그림 22〉 같은 질량을 갖는 두 개의 당구공이 똑같은 속도로 정면충돌을 일으킨다. 왼쪽 공은 충돌 이전에 플러스의 값을, 오른쪽 것은 마이너스 운동량을 갖는다. 충돌이 있고난 뒤에는 왼쪽 것이 마이너스 운동량을, 오른쪽 것이 플러스 운동량을 갖는다. 두 공의 전체 운동량은 충돌 이전과 당시 그리고 이후, 언제나 0이라는 값을 갖는다.

는 것은 이 방향이 어느 쪽으로 가는 것인지 나타내는 거야. 하나의 물체가 남북 기준 운동량을 가지고 있으면서 북쪽으로 움직인다면 그 운동량은 플러스 성질을 가져. 반대로 남쪽으로 향한다면 마이너스 성질을 갖지. 마찬가지로 동쪽으로의 운동은 플러스이고, 서쪽으로의 운동은 마이너스야. 위아래의 경우에는 위쪽이 플러스이고, 아래쪽이 마이너스지.

예를 하나 들어보자. 두 개의 당구공이 하나는 동쪽에서 서쪽으로, 다른 하나는 서쪽에서 동쪽으로 운동하면서 정면충돌한다고 하자(그림 22). 공의 질량은 둘 다 0.2kg이며, 운동 속도는 당구대에 상대적으로 5m/s이야. 그럼 왼쪽 공은 0.2kg·5m/s=1kg·m/s라는 플러스 운동량을 가지며 동쪽으로 이동하는 것이지. 오른쪽 공은 −1kg·m/s라는 마이너스 운동량을 가지며 서쪽으로 움직이는 거야. 남과 북 그리고 위와 아래로는 전혀 운동량을 가지지 않아. 그럼 두 공이 갖는 전체 운동량은 다음과 같이 계산할 수 있어.

$$p=(+1kg \cdot m/s)+(-1kg \cdot m/s)=0kg \cdot m/s$$

두 공이 충돌하고 난 후 같은 속도로 왔던 방향으로 각각 튕겨 나갈 거야. 이제 왼쪽 공은 서쪽으로 가며 마이너스 운동량 −1kg·m/s를, 오른쪽 공은 동쪽으로 가며 플러스 운동량 1kg·m/s를 갖겠지. 공들은 각각 충돌로 인해 그 운동량의 값이 달라졌지만, 전체 운동량은 여전히 0kg·m/s야.

16 아인슈타인에 따른 질량

속도에 정지질량을 곱한 값

때는 1860년, 장소는 텍사스. 와이엇 어프는 사막의 바위 위에 올라 같은 속도로 마주 보며 달리는 두 대의 우편마차를 바라보았어. 한 대는 동쪽을 향해 질주했고, 다른 한 대는 서쪽으로 달렸지. 두 대의 마차는 마부들의 관점에서 보면 저마다 도로의 오른쪽 가장자리를 달리고 있었어. 그러니까 마차들은 서로 평행선을 이루며 달리는 거야.

두 대의 마차에는 각각 당대의 최고 총잡이라고 자부하는 두 사나이들이 타고 있었어. 서로 이름만 들어도 치를 떠는 적수인 빌리 더 키드Billy the Kid와 독 홀리데이Doc Holliday는 그야말로 절대적인 솜씨를 자랑하는 명사수들이었지. 두 대의 마차들이 막 스쳐지나갈 찰나, 두 총잡이는 각각 한 방씩 쐈어. 동쪽을 향해 달려가는 마차에 타고 있던 독 홀리데이는 그의 관점에서 볼 때 진행 방향과 비스듬하게 북쪽을 향해 쏘았고, 반대로 서쪽을 향해 달리는 마차에 앉아 있던 빌리 더 키드는 그가 보기에 남쪽을 향해 쏘았지.

자, 그럼 이제 와이엇 어프는 어떤 장면을 보았을까? 그가 본 것은 같은 속도로 하나는 동쪽으로, 다른 하나는 서쪽으로 달리는 우편마차들이야(그림 23). 그래서 와이엇 어프는 마차 두 대에서의 시간이 똑같이 빠르게 흐른다고 확인했지. 하지만 자신의 시간보다는 느리다고 말이야.

그는 독과 빌리가 동시에 진행방향과 대각선으로 총을 쏘는 것을 보았어. 시력이 무척 좋았던 와이엇 어프는 두 개의 총알이 정확히 중간에서 충돌하는 것을 보고 놀랐지. 두 개의 총알은 충돌 이후 부딪힐 때와 같은 각도를 이루며 다시 튕겨져 나갔어. 총을 쏘고 난 뒤 마차는 계속 달렸기 때문에, 두 총잡이들은 정확히 총알이 나는 탄도 선상에 놓이며 자신이 쏜 총알에 자기가 맞고 말았어.

두 총알의 운동량은 어떻게 될까? 먼저 와이엇 어프의 관점에서 보자. 동서 축을 정반대 방향으로 나는 두 총알은 마차의 속도를 가져. 이것을 우리는 v_w라고 나타낼 거야(v_w라는 기호는 와이엇 어프의 관점을 뜻해). 와이엇 어프는 권총의 총알은 같은 크기의 질량을 갖는다는 것을 알고 있어. 시간과 공간을 살펴보면서 우리는 대개의 물리적 값이라는 게 개인의 사적인 문제라는 것을 알았지. 그러니까 신중을 기하기 위해 와이엇 어프의 관점에서 보는 총알의 질량을 w라는 기호로 나타낼 거야. 그럼 총알의 질량을 m_w라고 줄여서 표현하자.

그렇다면 서쪽에서 동쪽으로 날아가는 독의 총알의 운동량은 $p_w' = +m_w \cdot v_w$이며, 동쪽에서 서쪽으로 간 빌리의 총알은 $p_w'' = +m_w \cdot v_w$라는

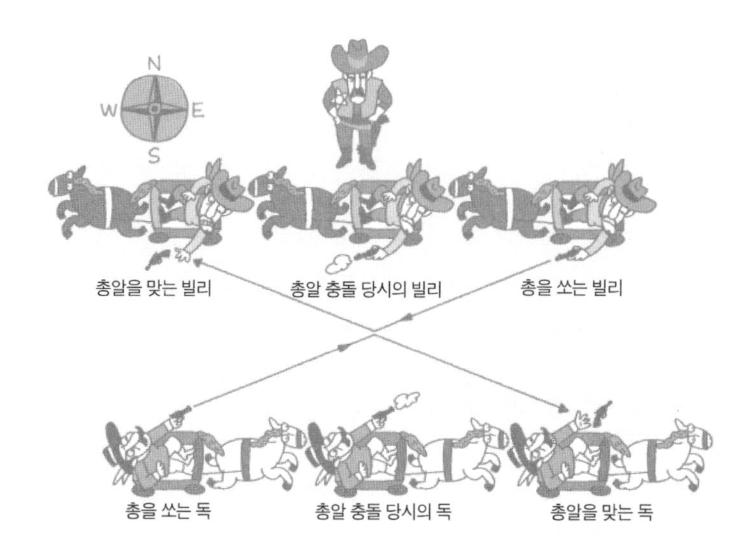

〈그림 23〉 빌리 더 키드와 독 홀리데이의 결투를 보는 와이엇 어프의 관점. 두 총잡이는 마차의 진행방향과 비스듬하게 동시에 총을 쏘았다. 두 개의 총알은 정확히 가운데에서 충돌하며 날아올 때와 같은 각도를 이루며 튕겨져 나갔다. 총을 쏘고 나서도 마차들은 계속 달렸기 때문에 두 총잡이는 정확히 자신이 쏜 총알의 탄도 위에 놓이게 된다.

운동량의 값을 가질 거야(독이 쏜 총알을 가리키는 것은 점을 하나 찍었고, 빌리의 것은 점 두 개를 찍었어). 그럼 두 총알의 전체 운동량은 다음과 같은 식으로 나타낼 수 있지.

$$p_W = p_W' + p_W'' = (+m_W \cdot v_W) + (-m_W \cdot v_W) = 0$$

총알들이 충돌하고 난 후 그 속도는 변한 게 없어. 즉, 그 개별적인 운동량이든 동서 축에서의 전체 운동량이든 이전과 같지.

남북 축이나 위아래 축에서의 속도와 운동량을 동서 축의 그것과 혼동하지 않기 위해 우리는 v와 p 대신 u와 q를 쓸 거야.

와이엇 어프의 관점에서 남북 축의 총알 속도는 둘 다 같아. 그래서 우리는 그것을 u_W라는 기호로 표시하자. 남북 축에서 독의 총알이 갖는 운동량은 $q_W'=+m_W \cdot u_W$이며 빌리의 그것은 $q_W''=-m_W \cdot u_W$가 되지. 그럼 이 방향에서의 전체 운동량 q_W가 갖는 값은 0이야.

$$q_W=q_W'+q_W''=(+m_W \cdot u_W)+(-m_W \cdot u_W)=0$$

두 총알들이 충돌하고 난 다음 남북 축을 중심으로 각각의 총알이 날아가는 방향은 바뀌었지만, 그 속도에는 조금도 변화가 없어. 이는 곧 운동량이 이제는 $q_W'=-m_W \cdot u_W$이며, $q_W''=+m_W \cdot u_W$가 된다는 것을 뜻해. 이로써 전체 운동량에서 변한 것은 전혀 없지. 그 값은 계속 0이야.

이제 정리해보자. 와이엇 어프의 관점에서 두 총알들의 전체 운동량은 동서 축이든 남북 축이든 발사 이전과 이후 조금도 변함없이 0이야.

이제 총싸움을 독 홀리데이의 관점에서 보자(그림 24). 독은 자신이 정지해 있다고 보고, 빌리가 v_D라는 속도로 서쪽으로 달리고 있다고 생각하겠지(여기서 D라는 기호는 독의 관점에서 보고 있다는 뜻이야). 독은 총알을 정확히 북쪽을 향해 쏘았어. 총알은 정확히 중간 지점으로 날아가 비스듬하게 날아오는 빌리의 총알과 충돌하고 다시 같은 궤도를 밟아 똑같은 속도로 되돌아올 거야. 독의 총알은 그가 잰 시간 t_D동안 날아갔지. 독은

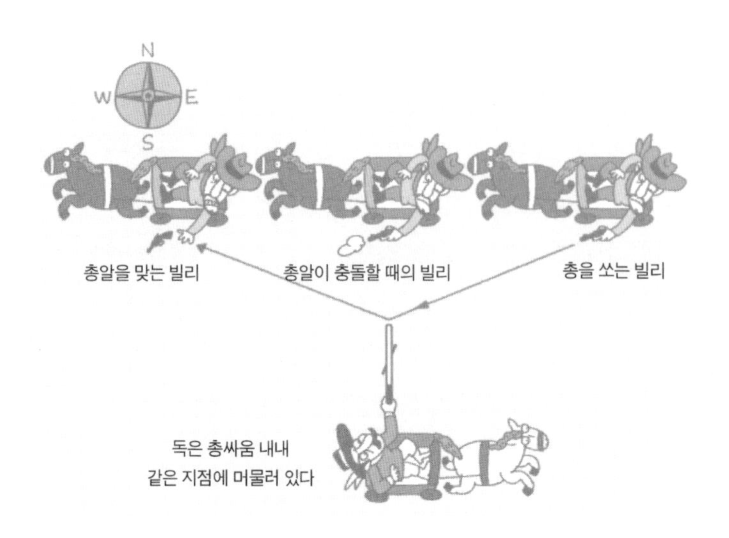

〈그림 24〉 독 홀리데이의 관점에서 본 결투. 독은 자신이 정지해 있다고 보고 빌리는 서쪽으로 마차를 타고 간다고 생각한다. 독은 총알을 정확히 북쪽을 향해 쏘았다. 총알은 중간지점까지 날아가 거기서 비스듬하게 날아온 빌리의 총알과 충돌하고 같은 속도로 동일한 궤도를 날아 되돌아온다.

거리의 폭을 L_D라고 계산했어.

빌리 더 키드가 보는 관점의 그림도 독의 것과 아주 비슷할 거야(그림 25). 빌리는 자신이 정지해 있다고 보고 독이 v_B라는 속도로 동쪽으로 간다고 생각하겠지(기호 B는 빌리의 관점을 나타낸 거야). 빌리는 총알을 정확히 남쪽으로 쏘았어. 역시 이 총알도 거리의 중간 지점으로 날아가 거기서 비스듬하게 날아오는 독의 총알과 부딪치고 나서 같은 속도로 동일한 궤도를 밟아 돌아가겠지. 빌리의 총알은 그 자신이 측정한 바에 따르면 t_B라는 시간 동안 날아갔어. 거리의 폭은 L_B라고 보았지. 와이엇 어프는 자신이 관찰하는 지점에서 독 홀리데이와 빌리 더 키드의 상황이 완전히 똑같다는 것을 알아차렸어. 결과적으로 독이 자신의 총알이 날아갔다고 잰 시간 t_D는 빌리가 자신의 총알 비행속도로 잰 t_B와 똑같았으니까.

$$t_B=t_D$$

독의 관점에서 보는 빌리 마차와 빌리의 관점에서 보는 독의 마차는 똑같은 속도를 가지고 있어.

$$V_B=V_D$$

거리의 폭은 독 홀리데이와 빌리 더 키드 그리고 와이엇 어프, 세 사람 모두에게 똑같지. 폭의 길이라는 것은 두 우편마차가 달리는 양 방향에 직각을 이루고 있는 것이니까, 세 사람 모두 정지해 있는 것으로 보고 똑같이 측정할 거야. 결과적으로 우리는 각자의 관점을 나타내는 기호들을 지워버리고 거리의 폭을 그저 단순하게 L이라고만 나타낼 수 있어.

$$L_D=L_B=L_W=L$$

그렇지만 실제 독이 보는 빌리의 총알은 어떨까? 아마 독은 이런 생각을 했을 거야. "빌리의 총알은 V_B라는 속도를 가지고 있어. 결과적으로 빌리의 마차에서 시간은 그만큼 느리게 갈 거야. 정확하게 γ만큼 말이야."

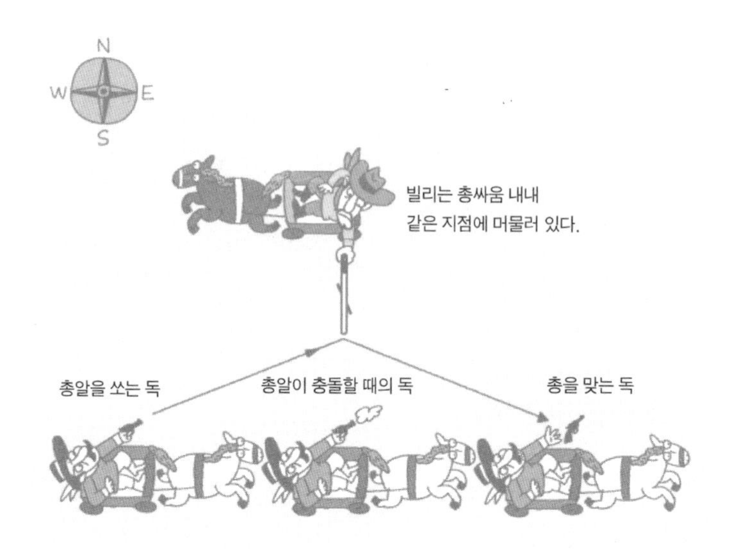

〈그림 25〉 빌리 더 키드의 관점에서 본 결투. 빌리는 자신이 정지해 있다고 보고 독이 동쪽으로 마차를 타고 간다고 생각한다. 빌리는 총알을 정확히 남쪽을 향해 쏘았다. 총알은 중간 지점까지 날아가 거기서 비스듬하게 날아온 독의 총알과 충돌하고 같은 속도로 동일한 궤도를 날아 되돌아온다.

빌리가 자신의 총알이 날아가는 시간을 t_B라고 측정했으므로 이는 곧 독의 관점에서 보면 $\gamma \cdot t_B$라는 시간 동안 날아간 거야. 빌리의 총알은 남북 축에서 거리 폭의 절반을 두 번 날아다녔으니까 결국 거리 L을 $\gamma \cdot t_B$라는 시간에 날아간 것이지.

$$U_D'' = \frac{L}{\gamma \cdot t_B}$$

이제 우리는 두 총잡이가 각자 자신이 쏜 총알의 비행시간을 똑같이 길다고 본 것을 이용할 수 있어. 그러니까 t_B를 t_D로 대체할 수 있지.

$$U_D'' = \frac{L}{\gamma \cdot t_D}$$

남북 축에서 독이 자신이 쏜 총알의 비행속도로 본 것은 다음과 같아.

$$U_D' = \frac{L}{\gamma \cdot t_D}$$

이 식을 U_D''의 값을 구하는 식에 집어넣으면 두 총알의 속도를 서로 비교할 수 있어.

$$U_D'' = \frac{1}{\gamma} \cdot U_D$$

그러니까 독의 관점에서 볼 때 빌리의 총알은 독 자신의 것에 비해 느려. 빌리가 본 독의 총알 속도에 관해서도 같은 계산을 할 수 있을 거야. 결과는 똑같겠지. 즉, 빌리도 독의 총알이 자기 것보다 느리다고 볼 거야.

자, 이 모든 것들을 종합해서 생각해보면 아주 홍미로운 결과들을 이끌어낼 수 있어. 세 명의 당사자들이 거리 폭의 길이에 관해서는 의견이 일치했으니까, 결국 총알들이 정확히 중간지점에서 충돌했다고 보는 것도 똑같겠지.

와이엇 어프의 관점에서 보면 두 개의 총알은 똑같은 속도로 같은 거리를 날아와 동시에 충돌했어. 그러니까 빌리와 독은 동시에 방아쇠를 당긴 거지.

그런데 독의 관점에서 보면 두 개의 총알은 남북 축에서 같은 거리를 날아왔지만, 자신의 총알이 빌리 것보다 빨랐다고 생각해. 그렇다면 독은 빌리가 먼저 쏘고 자신이 늦게 쐈다고 생각할 게 틀림없어.

빌리의 관점에서도 마찬가지야. 남북 축으로 똑같은 거리를 날아갔는데 정확히 중간 지점에서 부딪쳤으니까 빌리는 독이 먼저 쏘고 자신이 늦게 쏜 거라고 생각할 거야.

자, 그럼 누구의 이야기가 맞는 걸까? 아이작 뉴턴의 물리학에 따르면 세 사람 가운데 한 사람만 맞을 수 있어. 그렇지만 아인슈타인의 상대성 이론에 따르면 시간과 공간은 어디까지나 개인적인 문제이니까 먼저와 나중 그리고 동시라는 것도 철저히 개인적인 관점에 따르는 것이지. 이상하게 들리겠지만 상대성 이론에 의하면 세 사람 모두 맞아!

이제 총알들이 남북 축에서 움직인 운동량을 독의 관점에서는 어떻게 볼지 생각해보자. 독의 총알은 충돌 전에 $+m_{D}' \cdot U_{D}'$라는 운동량을, 충돌 이후에는 $-m_{D}' \cdot U_{D}'$라는 운동량을 가져. 반대로 빌리의 총알은 독의 관점에서 볼 때 충돌 이전에 $-m_{D}'' \cdot U_{D}''$를, 충돌 이후에는 $+m_{D}'' \cdot U_{D}''$를 갖지.

이제 독의 관점에서 빌리의 총알 속도를 계산한 것을 충돌 이전과 이후로 따로 계산해서 더해주면 전체 운동량을 알 수 있어. 그러니까 두 총알의 전체 운동량은 충돌 이전에 다음의 값을 가져.

$$(+m_{D}' \cdot U_{D}')+(-m_{D}'' \cdot \frac{U_{D}'}{\gamma})$$

충돌 이후의 값은 다음과 같겠지.

$$(-m_D' \cdot U_D')+(+m_D'' \cdot \frac{U_D'}{\gamma})$$

보존법칙에 따라 전체 운동량은 항상 같은 값을 가지니까 충돌 이전과 이후의 값도 같아야만 할 거야.

$$(-m_D' \cdot U_D')+(+m_D'' \cdot \frac{U_D'}{\gamma}) = (+m_D' \cdot U_D')+(-m_D'' \cdot \frac{U_D'}{\gamma})$$

이 공식은 다음의 절차를 거쳐 단순하게 만들 수 있어.

먼저 양변을 으로 나누어주자.

$$-m_D' + \frac{m_D''}{\gamma} = m_D' - \frac{m_D''}{\gamma}$$

이제 각 변에 $m_D' + m_D''/\gamma$를 더해주자.

$$2\frac{m_D''}{\gamma} = 2m_D'$$

마지막으로 양변에 $\gamma/2$를 곱해주자.

$$m_D'' = \gamma \cdot m_D'$$

이번에는 총싸움을 보는 빌리의 관점에서 똑같은 운동량을 계산해보자. 그럼 총알의 질량에 관해 흡사한 공식을 얻을 수 있어.

$$m_{B'} = \gamma \cdot m_{B''}$$

이것 참 묘한 결과가 아닐 수 없어. 우리는 와이엇 어프로부터 두 개의 총알이 똑같은 질량을 갖는다는 이야기를 들었어. 물론 독은 다르게 보겠지. 빌리의 총알이 γ에 그 질량을 곱해준 것이라고 말이야. 반대로 빌리는 또 다르게 봐. 독의 총알은 γ에 그 질량을 곱해준 거라고 볼 거야. 그리고 세 사람의 이야기는 모두 맞아!

이런 결과는 두 총알의 질량에 대해서뿐만 아니라, 모든 질량에 적용돼. 그러니까 한 물체의 질량이 갖는 값은 앙투안 로랑 라부아지에가 주장했던 것처럼 언제나 똑같은 게 아니야. 속도에 따라 달라지는 것이지. 즉, 질량도 시간과 공간처럼 완전히 개인적인 것이야. 개인의 입장에 따라 다르게 볼 수 있다는 말이지. 그러니까 우주의 전체 질량도 불변의 값을 갖는 게 아니야. 누가 보든 똑같은 게 아니라고! 결국 상대성 이론에 따르면 라부아지에의 이론은 틀린 것이야.

γ라는 요소는 측정 대상과 측정 주체가 똑같은 속도를 가질 때 가장 작은 값인 1을 가져. 이는 곧 측정하는 사람의 관점에서 볼 때 대상이 정지해 있다면 γ=1이 되는 거야. 그리고 이럴 때 그 대상은 최소 질량을 가져. 그래서 물리학자들은 이 최소 질량을 물체의 정지질량이라고 부르지. 어떤 물체의 정지질량을 m_o라고 하고, 그 물체의 운동 질량을 m이라고 한다면 두 질량 사이의 관계는 $m = \gamma \cdot m_o$가 되지.

예를 하나 들어볼까. 카스토르와 폴룩스 쌍둥이 형제는 지구에 있을 때 지구 사람들의 관점으로 보면 정지질량 80kg을 가져. 그런데 폴룩스가 우주선을 타고 광속의 80%에 해당하는 속도로 지구에서 멀어지고 있다면, 카스토르는 폴룩스의 질량이 133kg이라고 볼 거야. 이 속도에 해당하는 γ값은 환산해 보면 약 1.67이 되거든. 그러니까 다음과 같이 계산해볼 수 있지.

$$m=\gamma \cdot m_o=1.67 \cdot 80kg=133kg$$

폴룩스 자신의 관점에서 보면 물론 자신의 질량은 변하지 않지. 그렇지만 폴룩스는 지구가 광속의 80%에 해당하는 속도로 움직인다고 볼 거야. 그럼 폴룩스가 보는 카스토르의 질량도 약 133kg이 되지.

$m=\gamma \cdot m_o$이라는 공식을 가지고 우리는 빛 입자의 질량도 계산할 수 있어. m이 속도 v로 운동하는 물체의 질량이므로 빛 입자의 정지질량은 다음과 같은 식으로 구할 수 있지.

$$m_o=\frac{m}{\gamma}$$

그럼 γ의 값이 뭐였지?

$$\gamma=\frac{1}{\sqrt{1-(v/c)^2}}$$

그럼 아까의 공식에 이 값을 대입하자.

$$m_o = m \cdot \sqrt{1-(v/c)^2}$$

비행물체가 하나의 빛 입자이므로 $v=c$이잖아. 그러니까 v자리에 c를 집어넣자.

$$m_o = m \cdot \sqrt{1-(v/c)^2} = m \cdot \sqrt{1-1} = m \cdot 0 = 0$$

그러니까 빛 입자는 정지질량이라는 것을 갖지 않아. 질량을 갖지 않기 때문에 빛 입자는 사람과 똑같은 속도로 움직일 수 있는 거야. 물론 이것은 순전한 가설이야. 잘 알려져 있듯 빛이라는 것은 어떤 상황에서든 결코 사람과 똑같은 속도를 갖는 게 아니니까. 빛의 속도는 어디까지나 299,792,458m/s이잖아. 이렇게 빠르면서도 우리 인간은 빛의 속도를 느끼지 못하는 이유가 여기 있는 게 아닐까?

물론 $m = \gamma \cdot m_o$라는 공식을 가지고 빛 입자 하나의 정지질량을 계산해보기는 했지만, 우리에게 상대적으로 광속으로 날아가는 빛 입자의 운동 질량을 구할 수는 없어. 그렇지만 빛 입자도 분명히 하나의 질량을 가질 테니까, 이 값을 구하려면 물리학의 더욱 복잡한 공식을 이용해야만 해.

17 에너지

사라지지 않아, 형태만 바뀔 뿐이야!

원목으로 짠 묵직한 옷장을 방의 한쪽 구석에서 다른 자리로 옮기는 것은 쉬운 일이 아니야. 마찬가지로 한 자루 가득한 감자를 지하실에서 6층으로 끌어올린다거나, 배터리가 방전된 자동차를 미는 일 역시 간단하지 않지.

물리학은 일상생활에서 겪는 이런 일들을 보다 정확하게 표현해. 그러니까 어떤 물체를 정해진 거리로 옮기는 데는 어느 정도의 힘이 필요하다고 똑 부러지게 이야기하는 거지. 이때 한 일은 힘에다가 옮긴 거리를 곱해준 것으로 표현할 수 있어.

필요한 힘 × 옮긴 거리 = 작업량

이러한 물리적인 정의는 우리 일상생활과도 맞아 떨어져. 옷장을 다른 자리로 옮기려고 더 많은 힘을 쓰면 쓸수록 그만큼 우리는 더 많은 일을 하는 것이니까.

사람이 일을 하고 나면 그 일은 단순히 사라지는 게 아니라, 우리가 옮겼거나 만든 물건 속에 저장이 돼. 돌덩이를 1미터 높이로 들어 올렸다면 그것도 일이지. 그리고 이 일은 돌덩이에 저장이 된 거야.

이 말이 맞는지는 간단하게 시험해볼 수 있어. 들어올린 돌을 그냥 한번 놓아봐. 저절로 바닥에 떨어지지? 돌은 처음 있던 바닥으로 돌아가기 위해 그 안에 저장되어 있던 작업량을 써버린 거야.

물리학은 저장된 작업량을 다시 써버린 것을 특별한 이름으로 불러. 에너지라는 게 바로 그 개념으로, 보통 E라고 쓰지. 힘과 운동 거리를 각각 F와 S로 나타낸다면, 에너지를 표현하는 공식은 다음과 같아.

$$E = F \cdot S$$

언제나 균일한 힘을 자랑하는 엔진을 가진 자동차가 있다고 생각해봐. 현재 기술 수준으로 얼마든지 가능한 자동차이지. 이런 자동차는 정지 상태에서 출발해 계속 빨라지는 속도를 자랑할 거야. 대부분의 자동차가 150km/h에서 200km/h 정도의 속도 이상을 낼 수 없는 이유는 엔진 힘이 부족해서 그런 것은 아니야. 동시에 두 번째 힘이 앞에서 자동차를 누르며 브레이크 효과를 일으키기 때문이지. 그 힘이 바로 공기의 마찰효과와 노면의 저항이야. 이런 저항력을 제거할 수만 있다면 실제로 꾸준한 힘을 자랑하는 엔진을 가진 자동차는 계속 속도를 올릴 수 있어.

우주 공간에는 그런 공기 마찰과 노면 저항이 없지. 그러니 문제에 있어서는 차라리 자동차 대신 지구에서 달까지 가는 우주선을 통해 에너지를 생각해 보는 게 더 나을 거야.

지구를 출발하기 직전의 우주선은 지면에 상대적으로 0km/h라는 속도를 자랑해. 이제 우주선의 엔진은 균일한 힘으로 계속 속도를 높여줄 거야. 그래서 달에 다다를 때쯤이면 최고 속도 v_E에 도달하겠지. 이 우주선이 지구에서 달까지 비행하는 시간을 t라고 불러볼게. 그럼 우주선은 t라는 시간 내에 0km/h에서 v_E라는 속도에 이르겠지. 그 가속을 구하려면 최고 속도를 거기에 도달하기까지 걸린 시간으로 나누어주면 되겠지. 이는 곧 $a = v_E/t$라는 값을 가져. 질량 m을 가진 물체가 a라는 값으로 가속을 갖기 위해서는 '뉴턴의 제2법칙' 에 따라 $F = m{\cdot}a$라는 힘을 필요로 해. 앞에서 우리는 이미 a값을 알았으니까 이제 이 식에 대입해보자.

$$F = m{\cdot}\frac{v_E}{t}$$

이제 에너지를 계산하기 위해 우리에게 필요한 것은 우주선이 지구에서 달까지 가는 거리야. 여기서는 좀 더 철저히 문제를 따져 들어갈 필요가 있어.

자동차를 타고 함부르크에서 뮌헨까지 간다고 해봐. 이 여행에서는 항상 같은 속도로 갈 수 없겠지. 정지 상태에서 출발해 시원하게 뚫린 아우토반에서는 140km/h로 달리다가, 정체 구간에서는 20km/h로 속력이 줄어들겠지. 마을이나 도시 인근을 지날 때는 50km/h로 달려야 할 때도 있을 거야. 또 국도에서는 최대 80km/h밖에 낼 수 없지. 그런데 뮌헨에

도착해보니 800km의 거리를 10시간 만에 주파한 게 돼. 이때 어느 구간을 어떤 속도로 달렸는지 기억하는 것은 어렵지만 평균속도 v_D는 얼마든지 계산할 수 있어.

$$v_D = \frac{800km}{10h} = 80km/h$$

이는 다시 말해서 내내 80km/h라는 꾸준한 속도로 달렸어도 함부르크에서 뮌헨까지는 10시간이 걸렸으리라는 것을 뜻해.

평균속도를 계산하는 이런 간단한 공식은 자동차 운행뿐만 아니라 모든 운동에 적용할 수 있어.

$$\text{평균속도} = \frac{\text{도달한 거리}}{\text{필요시간}}$$

또는 다음처럼 기호로만 나타낼 수도 있지.

$$v_D = \frac{S}{t}$$

이제 다시 우주선으로 돌아가 볼까. 우주선은 지구에서 달로 가는 동안 속도를 계속 꾸준한 비율로 높였어. 평균속도 v_D는 지구와 달 사이의 간격 S를 여행시간 t로 나눈 것이지. 이 식을 거리 S를 구하는 식으로 바꾸어보자.

$$S = v_D \cdot t$$

그럼 앞서 에너지를 구하는 공식 $E = F \cdot S$에 F와 S의 값을 모두 넣어 보자. 그러니까 필요한 힘에 거리를 곱해주는 거야.

$$E = m \cdot \frac{v_F}{t} \cdot v_D \cdot t$$

우주선의 비행시간 t는 간단하게 줄여버릴 수 있어. 그럼 위의 식은 다음과 같이 정리되겠지.

$$E = m \cdot v_E \cdot v_D$$

이 공식에는 서로 다른 두 가지 속도가 등장해. 최고속도 v_E와 평균속도 v_D가 그것이지. 두 속도는 어떤 방식으로 서로 연관될까? 우주선은 0km/h의 속도로 출발해 같은 비율로 계속 속도를 높이다가 최고속도 v_E에 도달한 거야. 결과적으로 평균속도는 최고속도를 2로 나눈 것이 되지(그림 26).

$$v_D = \frac{v_E}{2}$$

이 식에서 구한 평균값을 에너지 계산 공식에 적용하면 다음과 같이 정리할 수 있어.

$$E = m \cdot v_E \cdot \frac{v_E}{2}$$

이를 좀 더 간략하게 요약하자.

$$E = \frac{1}{2} \cdot m \cdot V_E{}^2$$

우주선의 에너지는 결국 그 질량과 최고속도에 달려 있어. 그러니까 지구와 달 사이의 거리가 실제 얼마인지 하는 것은 전혀 문제가 안 되지.

빛 입자는 0km/h에서 최고속도 V_E까지 속도를 끌어올리는 게 아니야. 빛 입자는 그저 항상 광속 C를 가질 뿐이야. 느려지거나 빨라지는 일이 없지. 그래서 앞의 공식을 가지고 빛 에너지를 구할 수는 없어. 빛 입자의 평균속도와 최고속도는 C일 따름이지.

$$V_D = V_E = C$$

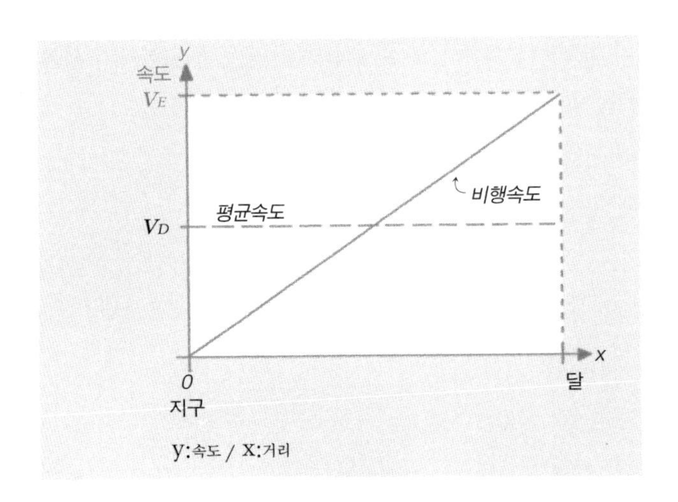

〈그림 26〉

지구에서 달로 가는 우주선의 실제 비행속도와 그 평균속도.

그럼 고전적인 에너지 계산 공식 $E = m \cdot v_E \cdot v_D$에 이를 적용해 빛 입자의 에너지는 $E = m \cdot c^2$이라는 공식으로 구할 수 있지. 이게 빛 입자가 실제로 아인슈타인의 상대성 이론에 따라 갖는 에너지야.

$E = m \cdot c^2$은 물리학에서 가장 유명한 공식일 거야. 1905년 알베르트 아인슈타인이 이 공식을 처음으로 쓴 이후, 그야말로 현대 물리학의 상징이 되어버렸다고 할까. 이 공식에는 아인슈타인이 불어 넣어준 아주 깊은 의미가 숨어 있어. 무엇보다도 우리는 $E = m \cdot c^2$을 가지고 하나의 빛 입자가 갖는 에너지를 계산할 수 있지.

에너지라는 것은 아주 다양한 형태로 나타나. 우리는 지금까지 어떤 물체가 갖는 에너지, 즉 운동에너지만 살펴봤어. 물체라는 것은 항상 특정한 속도로 운동하는 것이니 말이야. 에너지의 다른 형태들에는 열에너지, 전기에너지, 화학에너지 등이 있지. 독일의 의사 율리우스 로베르트 폰 마이어는 1842년 다음과 같은 말을 했어. "에너지는 없앨 수 있는 게 아니다. 에너지는 그 형태만 바뀔 뿐이다."

에너지는 형태만 바뀔 따름이라고? 마이어는 대체 무슨 뜻으로 그런 말을 한 것일까? 아우토반을 100km/h 속도로 달리는 자동차는 일정한 운동에너지를 가지고 있어. 운전사가 브레이크를 걸어 차가 마침내 정지했다면, 운동에너지는 더 이상 없는 거잖아? 그런데 운동에너지가 흔적도 남기지 않고 사라진 게 아니라, 그 형태만 바뀌었다고? 그래! 이제 운동에너지는 열에너지로 바뀐 거야. 자동차의 브레이크 휠을 만져봐. 뜨끈뜨끈 할 걸!

또 다른 예로 발전소를 들 수 있어. 석탄을 때서 발전을 하는 화력발전소는 석탄이 가지고 있는 화학에너지를 불에 태워 열에너지를 얻어내.

이 열에너지는 최소한 그 일부가 전기에너지로 바뀌어 각 가정으로 공급되지. 다시 집에서 전기에너지는 전기장판을 덥히는 열에너지로 바뀌는가 하면 믹서를 돌리는 운동에너지로 변해.

율리우스 로베르트 폰 마이어의 생각에 따르면 우주의 에너지 총량은 고정불변의 값을 가져. 그러니까 에너지에도 보존법칙이 적용되는 거야.

오늘날 자연과학자와 기술자가 너무나 당연한 것으로 받아들이고 있는 보존법칙이지만, 이렇게 인정받기까지는 오랜 세월이 걸렸어. 무엇보다도 18세기 과학자들이 우주에는 여러 가지 다양한 '유동성 액체'로 채워져 있다고 믿었기 때문이야. 일종의 눈에 보이지 않는 액체들이 있다고 본 것이지. 전기도 양전기와 음전기의 두 가지 '유동성 액체'라고 보았으며, 자석의 자기장에는 남반구과 북반구의 '유동성 액체'가 있다고 주장했지. 열기도 마찬가지로 '유동성 액체'라고 보았어. 이 열기 유동성 액체를 칼로리큼*이라고 불렀지. 그러니까 어떤 물건이 뜨거우면 뜨거울수록 그 안에는 더욱 많은 칼로리큼이 들어 있다고 본 것이지.

미국 출신의 물리학자이자 정치가인 벤저민 톰프슨Benjamin Thompson(1753~1814)은 1798년과 1799년에 이 칼로리큼 이론을 집중적으로 연구했어. 11년 동안 독일 바이에른에서 국방장관, 경찰청장, 재무장관까지 지낸 이 다재다능한 사람은 얼음에 열을 가해 비등점에 오르기 직전, 다시 차갑게 만들어 얼음으로 굳게 만드는 실험을 손수 해본 거야. 이 실험에서 톰프슨은 끊임없이 무게를 확인하고 나서 놀랐어. 얼음의 무게는 항상 똑같았거든. 그렇다면 저 칼로리큼이라는 것은 무게와는 전혀 상관이 없는 것일까?

열기를 눈에 보이지 않고 무게도 없는 물질로 본다면, 톰슨 실험을 다르게 해석할 수도 있어. 그 다른 첫 해석이 나오기까지는 오랜 세월이 걸렸지. 아이작 뉴턴은 1794년에 펴낸 그의 책 『광학』에서 이렇게 썼어. "열기라는 것은 빛이 물체에 가해져 그 온도를 끌어올리는 바람에 물체의 원소들이 진동 운동을 일으켜 생겨나는 게 아니고 무엇일까?"

그러니까 열기를 드디어 운동으로 이해하기 시작한 거야. 어떤 물체가 뜨거워지면 뜨거워질수록 그 물체를 이루고 있는 원자들은 그만큼 격렬하게 '진동' 하지. 그래서 일정 온도에 이르면 진동이 워낙 격렬한 나머지, 물체가 분해되고 마는 거야. 불에 녹는 게 그런 현상이지. 열기가 원자의 운동에 다르지 않는다면, 열에너지는 운동에너지로 봐야만 앞뒤가 맞아 떨어져.

* 플로지스톤이라는 명칭으로 더욱 잘 알려져 있다. 17세기와 18세기에 걸쳐 불타는 물체에서 발산되어 나온다고 가정한 열기 유동성 액체이다. 하지만 라부아지에에 의해 근거없는 이론으로 밝혀졌다.

율리우스 로베르트 폰 마이어

Julius Robert von Mayer(1814~1878)

그는 1814년 11월 25일 하일브론에서 태어났다. 약학을 공부한 그는 곧이어 1832년부터 1838년까지 튀빙겐에서 의학을 전공했다. 박사 학위를 취득한 다음 그는 잠시 하일브론에서 병원을 개업했다가 선박의 탑승객과 선원들을 돌보는 선의(船醫)를 자청해 인도네시아로 여행을 떠났다. 여행에서 돌아온 뒤 1841년 그는 하일브론의 보건국장이 되었고, 1847년부터는 시의 공의(公醫)로 일했다.

열대 지방을 지나며 선박여행을 하는 동안 그는 인간의 정맥과 동맥의 피의 색깔이 같은 것에 주목했다. 그는 그 이유를 생명체가 체온이 지나치게 올라가는 것을 막기 위해 섭취한 영양분을 덜 태우기 때문이라고 생각했다. 이런 점에 착안해 물리적 힘과 열기는 근본적으로 같은 것이라는 결론을 내렸다. 그는 이를 주제로 1841년 「힘의 양적 계산과 질적 계산」이라는 제목의 논문을 써서 〈물리학과 화학 연보〉라는 학술지에 기고했으나, 발표되지는 않았다. 그가 쓴 논문이 처음으로 발표된 것은 1842년에 내놓은 「무생물 자연의 힘에 관한 고찰」이라는 제목의 것이다. 이 논문은 열에너지를 운동에너지로 환산하는 공식을 담고 있다. 1845년에는 「신진대사와 관련된 유기체 운동」이라는 논문을 내놨다. 여기에서 그는 처음으로 에너지 보존법칙을 정리해냈다.

그와 거의 같은 시기에 영국의 물리학자 제임스 프레스콧 줄(1818~1889) 역시 에너지 보존법칙을 발견했다. 물론 마이어와 전혀 상관없이 이뤄진 일이다. 이후 두 사람 사이에 누가 최초의 발견자인지의 문제를 둘러싸고 격렬한 싸움이 일어났고, 수년을 끈 재판은 마이어의 손을 들어줬다. 이 법정 다툼과 다른 사건들 때문에 한때 그는 심각한 위기를 맞아 신경정신병원에 입원까지 했으나 1860년대에 이르러 비로소 학계는 그의 공로를 본격적으로 인정했고, 마이어는 귀족으로 추대되었다.. 그는 1878년 3월 20일 죽었다.

18 $E=M \cdot C^2$

아인슈타인의 가장 혁명적인 생각

아인슈타인의 유명한 공식 '$E = m \cdot c^2$'을 이해하기 위해 먼저 약간의 생각 실험을 해야 해. 어떤 물체가 에너지를 받아들이고 있다고 생각해 봐. 그럼 그 물체는 에너지를 받아들이기 이전과 이후에는 정지해 있겠지? 그러니까 이 생각 실험에서 있을 수 있는 유일한 에너지 형태는 운동 에너지야.

카스토르는 지금 우주정거장에 앉아 창밖으로 별들을 내다보고 있어. 정거장 앞 몇 미터 떨어진 곳의 우주공간에는 전혀 운동을 하지 않는 어떤 작은 물체가 우주라는 진공 공간에 무중력 상태로 꼼짝 않고 떠 있어. 그게 어떤 물체인가 하는 것은 조금도 중요한 문제가 아니야. 갑자기 두 개의 빛 입자가 하나는 동쪽에서, 다른 하나는 서쪽에서 날아와 물체에 부딪혔어(그림 27). 빛 입자들은 당연히 같은 질량을 가지고 있고 속도도 같아. 빛 입자들이 충돌하는 순간, 물체는 그것들을 집어삼켰어. 그러니까 빛 입자들은 이제 없어진 거야. 카스토르가 보기에 물체는 빛 입자들을 집어삼킨 다음에도 여전히 정지해 있어.

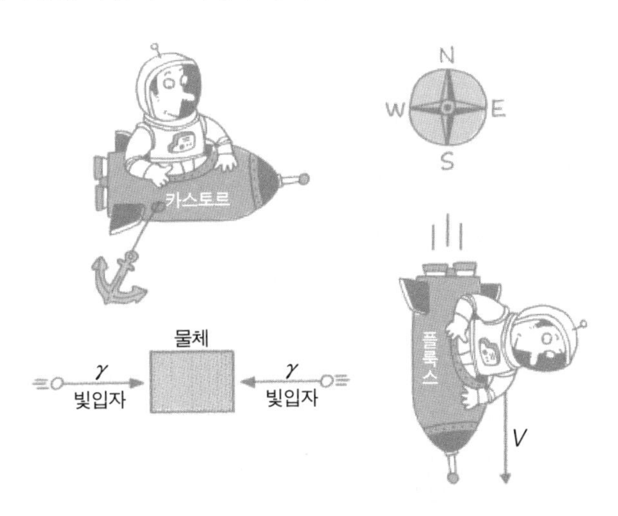

〈그림 27〉 카스토르는 우주정거장의 창밖으로 어떤 정지해 있는 물체를 구경하고 있다. 갑자기 두 개의 빛 입자가, 하나는 동쪽에서, 다른 하나는 서쪽에서 날아와 물체에 부딪쳤다. 물체는 빛 입자들을 집어삼켰다. 그 뒤에도 물체는 여전히 정지해 있다. 그동안 폴룩스는 자신의 우주선을 타고 카스토르를 지나 남쪽으로 가고 있다.

그럼 운동량은 어떻게 될까? 빛 입자가 충돌하기 전에 물체는 운동량을 전혀 갖지 않았어. 정지해 있었으니까. 두 개의 빛 입자는 질량이 같으며 속도도 같아. 다만 서로 반대 방향에서 날아왔을 뿐이야. 그러니까 운동량은 똑같겠지. 앞에 플러스와 마이너스가 붙는 것만 빼고 말이야. 동쪽을 향해 날아가는 빛 입자는 운동량 $+p$를, 서쪽으로 날아가는 것은 운동량 $-p$를 각각 갖겠지. 다시 말해서 두 빛 입자와 물체의 전체 운동량은 $(+p)+(-p)+0=0$이야.

빛 입자를 삼키면서 물체는 그 운동량도 자기 것으로 만들어버렸지. 운동량이라는 것은 사라지는 게 아니니까 말이야. 충돌 이전에 전체 운동량은 0이었으니까, 충돌 후에도 그 값은 0이야. 다시 말해서 물체는 여전히 정지해 있는 것이지. 생각 실험에서 전체 운동량은 전혀 달라진 것이 없어.

그럼 이제 에너지의 변화를 살펴볼까. 빛 입자를 삼키기 전에 물체는 운동에너지를 조금도 갖지 않았어. 반대로 두 개의 빛 입자는 저마다 $m \cdot c^2$이라는 에너지를 가졌지. 빛 입자를 집어 삼킨 물체는 여전히 정지해 있어. 그러니까 운동에너지는 계속 0인 것이야.

그렇다면 빛 입자의 운동에너지는 어디로 가버린 것일까? 에너지 역시 보존법칙의 적용을 받는 것이므로 그냥 자취를 감춘다는 것은 불가능해. 결국 어딘가에 숨어 있을 거야!

폴룩스의 관점에서 상황을 보면 이 문제의 답을 찾아낼 수 있어. 폴룩스는 우주선을 타고 북쪽에서 남쪽 방향으로 가면서 우주정거장과 그 물체를 지나가. 폴룩스는 당연히 자신이 우주의 중심이라고 생각할 테니까, 우주정거장과 물체가 v라는 속도로 북쪽으로 날아간다고 보겠지. 그가 물체를 스쳐지나가는 바로 그 순간, 두 빛 입자는 물체와 충돌했어 (그림 28).

이 상황을 분석할 수 있으려면 몇 가지 공식이 필요해. 물체의 에너지와 질량은 대문자 E와 M으로, 빛 입자의 에너지와 질량은 소문자 e와 m

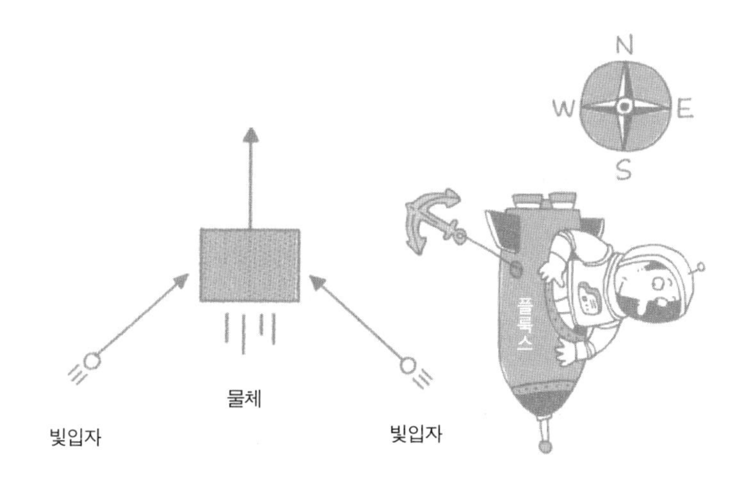

〈그림 28〉 폴룩스는 자신이 정지해 있는 중심이라고 생각한다. 그는 물체가 북쪽으로 날아간다고 본다. 갑자기 서로 다른 방향에서 두 개의 빛 입자가 날아와 물체와 충돌한다. 거의 동시에 물체에 의해 삼켜버려진 것이다. 물체의 속도는 전혀 변하지 않았다.

으로 나타낼게. 충돌로 말미암아 에너지와 질량의 값은 변하니까 충돌 이후의 상황과 관련된 모든 값은 문자 위에 첨자를 표시할 거야.

물체는 빛 입자를 삼키기 전에 E라는 에너지를 가졌고, 두 빛 입자는 각각 e라는 에너지를 지녔어. 충돌 이후에는 에너지 $\tilde{E}$를 갖는 물체만 있어. 에너지가 손실된 것은 없으므로 전체 에너지는 충돌 이후와 이전이 다음과 같아야 하겠지.

$$\tilde{E} = E + 2e$$

이제 우변에 있는 E를 좌변으로 돌려보자.

$$\widetilde{E} - E = 2e$$

두 빛 입자를 삼킨 물체의 에너지는 두 빛 입자의 에너지만큼 늘어난 거야. 이제 폴룩스의 관점에서 운동량을 살펴보자. 두 개의 빛 입자는 삼켜지기 전에 물체를 향해 비스듬한 사선 궤도를 그리며 날아왔어. 두 빛 입자의 운동량은 동서 축만이 아니라 남북 축의 값도 가져. 우선 동서 축의 값을 생각해볼까.

두 빛 입자는 동일한 질량과 속도를 갖지만, 방향은 서로 반대야. 결국 두 개의 빛 입자가 동서 축으로 갖는 운동량은 같은 값이지만, 하나는 플러스이고, 다른 하나는 마이너스지. 반대로 물체는 동서 축에서 전혀 움직이지 않았어. 그러니까 동서 축에서 물체의 운동량은 없어. 이로써 동서 축에서의 전체 운동량은 충돌 이전에 정확히 0이지. 충돌이 일어나고 난 뒤 두 빛 입자는 사라져버렸고 물체는 동서 축에서 전혀 움직이지 않았으니 동서 축의 운동량은 계속 0이고, 이 축의 운동량 총계에는 아무 문제가 없어.

남북 축에서는 두 빛 입자와 물체가 북쪽으로 날아가지. 남북 축의 운동량은 모든 게 플러스 값을 가져. 두 개의 빛 입자가 각각 갖는 운동량도 정확하게 똑같아.

그럼 이제 남북 축에서의 에너지 총량을 계산해보자. 충돌 전의 빛 입자는 각각 p로, 물체의 운동량은 P로, 충돌 이후의 물체 운동량은 $\widetilde{P}$로 나타내자. 운동량은 없어지는 게 아니므로, 충돌 이전의 운동량에 두 빛 입자의 운동량을 더한 것은 충돌 이후의 운동량의 값과 같을 거야.

$$\widetilde{P} = 2p + P$$

삼켜지기 전에 빛 입자는 남북 축에서 v라는 속도를 가졌어. 남북 축에서 물체의 속도는 충돌 이전이나 이후나 마찬가지로 v야. 자, 이제 운동량을 질량과 속도로 나타내보자.

$$\widetilde{M}v = 2mv + Mv$$

속도 v는 모든 항에 공통적으로 있으므로 간단하게 없앨 수 있어.

$$\widetilde{M} = 2m + M$$

그리고 우변의 질량 M을 좌변으로 돌리자.

$$\widetilde{M} - M = 2m$$

이식은 두 빛 입자를 삼켜버림으로써 물체의 질량이 두 빛 입자들의 질량만큼 커졌다는 것을 뜻해. 뭐 그리 놀라운 결과는 아니지. 초콜릿 1kg을 먹는다면, 우리 몸의 질량도 1kg 늘어날 테니까.

지금까지의 상황을 요약해볼까. 폴룩스의 관점에서 에너지 총량과 운동량 총량이 일치하려면, 물체의 에너지와 질량은 두 빛 입자의 에너지 내지는 질량을 더한 것만큼 커져야 해.

$$\widetilde{E} - E = 2e$$
$$\widetilde{M} - M = 2m$$

겉보기에는 전혀 달라 보이는 물리적 값들은 서로 아주 비슷한 관계를 가져. 자, 이제 여기에 알베르트 아인슈타인의 혁명적인 생각이 곁들여지지. "에너지와 질량이라는 게 전혀 다른 별개의 것일까?"

아인슈타인은 이렇게 자문했어. "에너지와 질량이 똑같은 것을 두고 서로 다르게 표현한 것일 수는 없을까?"

아인슈타인의 생각은 사실과 딱 들어맞았어. 한 물체의 에너지와 질량 사이의 환산 공식을 이끌어내는 것은 어렵지 않아. 공식의 우변에는 각각 두 빛 입자의 에너지와 질량이 서 있지. 앞에서도 살펴보았듯 이 관계는 $e = m \cdot c^2$을 가지고 하나로 묶을 수 있어. 양변에 2를 곱해보자. 그럼 두 빛 입자의 에너지와 질량의 관계는 다음과 같아.

$$2e = 2m \cdot c^2$$

이제 $2e$와 $2m$을 각각 물체의 에너지와 질량의 늘어난 값으로 대체하면 다음과 같은 계산식을 얻을 수 있어.

$$\widetilde{E} - E = (\widetilde{M} - M) \cdot c^2$$

자, 이 공식을 어떻게 받아들여야 할까? 보통 두 도시 사이의 간격을 거리라고 부르며 킬로미터로 나타내지만, 미국에서는 마일이라는 단위로 표시하기도 해. 이름도 단위도 다르지만, 사실 하나의 것을 다르게 표시한 것일 뿐이지. 그래서 마일로 나타낸 거리를 킬로미터로 계산하는 것은 그리 어렵지 않지. 마일로 표시된 거리에 1.609라는 값을 곱해주기만 하면 되니까. 예를 들어 10마일의 거리는 10 × 1.609 = 16.09km야.

마일과 킬로미터가 똑같은 간격을 나타내는 다른 말들인 것처럼, 에너지와 질량도 동일한 것을 서로 다르게 나타낸 것일 뿐이야. 마일과 킬로미터가 서로 다른 단위인 것처럼, 에너지와 질량도 와트초*와 킬로그램이라는 두 가지 단위를 사용해서 잴 수 있는 거지. 마일을 킬로미터로 바꾸는 상수가 1.609인 것처럼, 킬로그램으로 표현된 질량을 와트초 단위의 에너지로 바꾸는 상수가 있어. 질량을 에너지로 바꿔주는 변환 상수는 c^2, 즉 89,875,517,873,681,764 m^2/c^2야. 아인슈타인의 생각에 따르면 폴룩스가 관찰한 것은 아주 쉽게 설명할 수 있지. 충돌하면서 빛 입자는 에너지를 내놓았고, 물체는 바로 이 에너지를 받아들였어. 이제는 질량이라는 말로 표현해볼까. 충돌하면서 빛 입자는 질량을 내주었고, 물체는 바로 이 질량을 받아들였어. 두 가지 단어들을 섞어서 사용할 수도 있어. '빛 입자는 에너지를 내놓았고, 물체는 바로 이 에너지에 해당

* 1줄(Joule)에 해당하는 힘. 1와트의 전력으로 1초에 하는 일의 양을 가리킨다. 기호는 Ws이다.

하는 질량을 받아들였다.'

이 세 가지 가운데 가장 마음에 드는 표현으로 골라 써도 좋아! 세 가지 모두 같은 것을 말하고 있는 것이니까.

이제 카스토르가 우주정거장에서 본 관점에서 에너지 총량도 맞아떨어져. 먼저 질량으로 이야기해볼까. 물체는 빛 입자를 삼키기 전과 후에 정지해 있었지. 그러니까 물체의 질량은 두 경우에 바로 정지질량이야. 빛 입자는 자신의 질량을 내놓았고, 물체는 이 질량을 받아들였어. 이로써 물체의 정지질량은 두 빛 입자의 질량만큼 커졌지. 이제는 에너지로 말해볼까. 빛 입자는 그 에너지를 내놓았고, 물체의 정지에너지는 바로 두 개의 빛 입자 에너지양만큼 늘어났어. 정지에너지라는 개념은 정지질량에 빗대 만든 것이야. 물체의 정지질량을 M_0라고 한다면, 정지에너지 역시 E_0라고 나타낼 수 있지. 정지질량이 늘어난 것을 정지에너지 양의 변화로 계산하는 공식은 다음과 같아.

$$\widetilde{E}_0 - E_0 = (\widetilde{M}_0 - M_0) \cdot c^2$$

물론 우리는 에너지에 의한 표현과 질량에 의한 표현을 섞어서 사용할 수도 있어. '빛 입자는 에너지를 내놓았으며, 물체는 이에 상응하여 정지질량을 높였다.'

한 물체의 전체 에너지는 언제나 두 가지 부분으로 나누어 볼 수 있어. 정지에너지와 운동에너지가 그것이지. 운동에너지란 한 물체가 운동할 때 늘어난 에너지야. 물리학에서는 이를 보통 E_{Kin}이라고 적어(여기서 'kin' 이라는 것은 'kinetic' 을 줄여쓴 것으로 '운동한다' 는 뜻이야).

$$E = E_{Kin} + E_{\circ}$$

위의 관계 공식 전체를 질량으로 나타낼 수도 있지. 한 물체의 전체 질량은 두 가지 부분 질량들로 이뤄져 있어. 운동 질량 M_{Kin}과 정지실량 $M_{\circ}$로 말이지.

$$M = M_{Kin} + M_{\circ}$$

질량과 에너지를 서로 변환해주는 것은 광속을 통하면 간단해.

$$E = M \cdot C^2$$

$$E_{Kin} = M_{Kin} \cdot C^2$$

$$E_{\circ} = M_{\circ} \cdot C^2$$

정지질량이라는 것은 일종의 '얼린' 에너지라고 생각해도 좋아. 질량과 에너지라는 게 원칙적으로 같은 것이기는 하지만, 물리학자들은 이 두 개념을 아주 다른 뜻으로 쓰고 있지. 물리학자가 물체의 질량을 말할 때면, 그가 생각하는 것은 정지질량이나 정지에너지야. 에너지를 말할 때는 운동에너지나 운동질량을 뜻해.

4차원을 다룬 장에서 보았듯 시간을 시, 분, 초로 나타내는 대신 미터로도 얼마든지 표시할 수 있어. 이를 위해서는 299,792,458m/s라는 광속 대신 1을 쓰면 간단하지. 이렇게 하면 생각할 수 있는 모든 속도는 0과 1 사이의 단위가 없는 수치로 바뀌지.

‖ 〈그림 29〉 운동에너지는 정지질량으로 바뀔 수 있다.

그렇다면 광속 c=1이라고 했을 때, 에너지와 질량은 어떤 단위를 얻게 될까? 에너지와 질량의 변환 공식 $E=m \cdot c^2$에서 c=1이므로 곧 $E=M$이 되지.

이제 에너지와 질량이 원래 같은 거라는 사실이 분명해졌을 거야. 두 개는 동일한 수치와 똑같은 단위를 가져. 원한다면 에너지를 얼마든지 킬로그램으로 나타낼 수 있지. 물론 물리학에서는 주로 거꾸로 하지만 말이야. 보통 질량을 에너지 단위로 나타내거든. 이를 위해 흔히 쓰는 에너지 단위인 킬로와트시, 와트초 대신 전자볼트(eV)*라는 단위를 쓰기도 해. 마치 전압을 재는 단위처럼 들리지만, 그런 것은 아니야. 전자볼트는 어디까지나 에너지를 측정하는 단위이지.

일단은 다시 광속을 299,792,458m/s로, 에너지를 와트초로, 질량을 킬로그램으로 나타내는 단위에 머물러 있도록 하자. 앞서 보았지만 한 물체의 전체 에너지라는 것은 운동에너지와 정지에너지 두 부분으로 이뤄져 있어.

$$E = E_{Kin} + E_{o}$$

원한다면 이 공식에 에너지와 질량을 섞을 수 있지. 그 좋은 예는 다음과 같아.

$$M \cdot C^2 = E_{Kin} + M_{o} \cdot C^2$$

이제 위의 식을 가지고 운동에너지를 알아낼 수 있어. 공식을 간단하게 다음과 같이 바꿔봐.

* 운동에너지의 단위. 전자가 진공 가운데 1볼트의 전위차를 가진 두 점 사이를 횡단할 때마다 얻는 운동에너지로 소립자의 질량을 에너지로 환산하여 나타낼 때 쓴다.

$$E_{Kin} = M \cdot C^2 - M_o \cdot C^2$$

앞에서 살펴보았듯 운동질량 M은 정지질량 M_o에 γ를 곱해준 만큼 커.

$$M = \gamma \cdot M_o$$

이제 운동질량 값을 운동에너지를 구하는 공식에 넣어보자.

$$E_{Kin} = \gamma \cdot M_o C^2 - M_o \cdot C^2$$

그리고 $M_o \cdot C^2$을 괄호 밖으로 끌어내보자.

$$E_{Kin} = (\gamma - 1) \cdot M_o \cdot C^2$$

이 공식에 기호 γ의 원래 값을 넣으면 한 물체의 운동에너지가 그 속도 V에 의존하는 것을 나타내는 공식을 얻을 수 있어.

$$E_{Kin} = \left(\frac{1}{\sqrt{1-(V/C)^2}} - 1 \right) \cdot M_o \cdot C^2$$

이런 복잡한 공식으로는 운동에너지와 속도 사이의 관계를 그림처럼 떠올려 보는 게 쉽지 않지. 그래서 〈그림 30〉에서 그래프를 가지고 설명해봤어.

일단 그래프 수평축의 양 끝점을 보자. 물체가 정지해 있다면 운동에

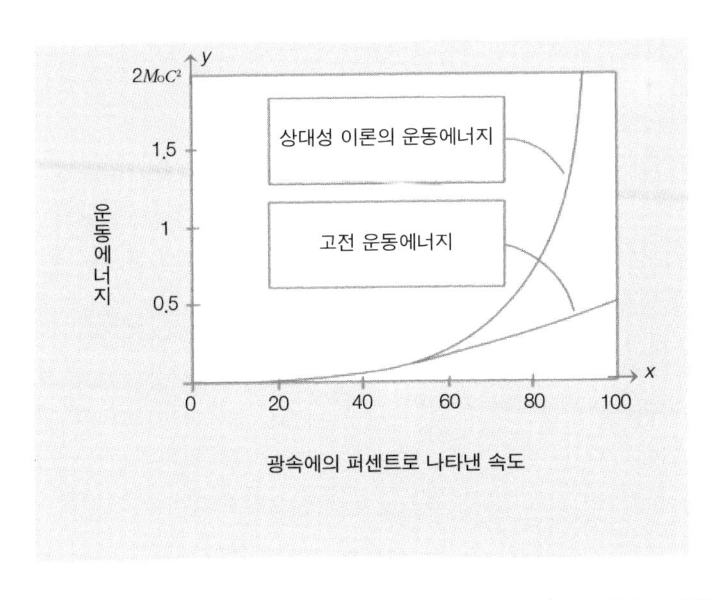

〈그림 30〉 한 물체의 운동에너지가 그 속도에 의존한다는 것을 여기서는 광속의 퍼센트로 나타내보았다. 정확하지 못한 뉴턴 운동에너지도 그래프에 표시했다. 광속의 30%보다 느린 속도의 경우에는 상대성 이론의 운동에너지와 고전 운동에너지가 거의 같다.

너지는 없어. 이것은 우리도 충분히 알고 있는 이야기야. 반대로 물체가 빛과 같은 속도로 운동한다면 그 운동에너지는 무한히 커지지. 물론 그래프를 통해서는 무한하다는 것을 실감할 수 없어. 에너지를 나타낸 축이 무한대로 큰 게 아니니까. 하지만 공식을 통해서는 그 무한함을 쉽게 확인할 수 있지. 물론 세상의 어떤 물건도 무한한 에너지를 가질 수는 없어. 광속과 같은 속도로 움직이는 물체는 없으니까. 유일한 예외가 있다면 그것은 정지질량을 갖지 않는 바로 빛 입자뿐이지.

뉴턴 물리학에 따르면 한 물체의 운동에너지는 $M_0 \cdot v^2/2$야. 이 공식에 따라 나오는 값을 그린 것이 〈그림 30〉에서의 그래프 아래 곡선이지. 속도가 광속의 30% 정도까지는 두 곡선의 차이가 거의 나지 않아. 극도로 높은 속도로 올라가야 아인슈타인의 물리학이 어떻게 다른지 확실하게 알아볼 수 있어.

우리가 일상생활에서 겪는 속도의 경우 에너지는 어떻게 운동에너지와 정지에너지로 나뉠까? 예를 하나 들어 살펴보자. 어떤 남자가 오토바이를 타고 거리를 달리고 있어.

남자와 오토바이의 정지질량을 합한 것은 166kg이야. 남자의 오토바이 속도는 36km/h(=10m/s)이야. 이때 경찰관 한 명이 인도에 서서 남자를 유심히 쳐다보고 있지. 과속을 하면 잡으려고 말이야. 그런데 경찰의 눈으로 보는 오토바이 속도는 광속과 비교도 할 수 없을 정도로 느리지. 이 경우에 우리는 뉴턴의 공식 $M_o \cdot v^2/2$를 이용해 남자와 오토바이의 운동에너지를 쉽게 계산할 수 있어.

$$E_{Kin} = \frac{1}{2} M_o \cdot v^2 = \frac{1}{2} \cdot 166kg \cdot (10m/s)^2 = 8{,}300Ws$$

물론 훨씬 복잡한 아인슈타인 공식을 이용할 수도 있지. 계산에 들어가는 힘은 엄청 더 크지만, 결과는 똑같아. 8,300Ws라는 운동에너지를 전기에너지로 바꾼다면, 100와트짜리 가정용 전구를 83시간 동안 켤 수 있지.

반대로 아인슈타인 공식에 따른 남자와 오토바이의 정지질량은 다음과 같은 에너지에 해당할 거야.

$$E_\circ = M_\circ \cdot c^2 = 166kg \cdot (299,792,458m/s)^2 = 15,000,000,000,000,000,000Ws$$

이것은 독일연방공화국이 1995년 한 해에 소비한 전체 전력과 맞먹어. 이 예에서 볼 수 있듯 운동에너지는 정지에너지에 비교해 보잘 것 없을 정도로 작아. 다만 하나의 의문이 생기지. 이 막대한 정지질량이 실제로 전부 혹은 일부 운동에너지로 변하는 것일까?

다시 예를 하나 들어볼게. 3kg의 수소 가스를 24kg의 산소 가스와 함께 태워 물을 만든다면, 이때 생겨나는 열에너지는 약 100킬로와트시에 해당하지. 이 열에너지를 완전히 전기에너지로 바꿀 수만 있다면, 100와트짜리 가정용 전구를 1,000시간 동안 켤 수 있지. 이런 열에너지 혹은 운동에너지가 생김으로써 거기에 들어간 수소와 산소의 정지질량은 다음 계산만큼 줄어들어.

$$M_\circ = \frac{E_\circ}{C^2} = 0.000004g$$

그러니까 이 연소 작용을 통해 27kg의 물이 생긴 게 아니야. 물은 26.999999996kg만 생겨났지. 워낙 질량의 차이가 작아서 측정조차 할 수 없을 지경이야.

어쨌거나 적은 양의 정지물량을 가지고도 운동에너지를 만들어낼 수 있다는 것은 확인한 셈이야. 알베르트 아인슈타인은 이런 에너지 변환의 가능성에 대해 상대성 이론을 다룬 자신의 두 번째 논문에서 명확하게 언급했어. 첫 번째 논문과 마찬가지로 1905년 〈물리학 연보〉지에 발표되었던 바로 그 논문 말이야. 아인슈타인은 그 논문에서 다음과 같이 썼어. "에너지양이 아주 높은 정도로 변할 수 있는 물질(예를 들어 라듐과 같은 방사선물질)을 가지면 이 이론이 맞는다는 것을 확인할 가능성은 열려 있다."

실제로 많은 양의 정지질량을 운동에너지로 변하게 만들어 기술적으로 이용할 수 있게 되기까지는 수십 년이라는 오랜 세월이 걸려야 했어.

19 맨해튼 프로젝트

루스벨트 대통령에게 편지를 쓴 이유

특수상대성 이론이 발표된 지 8년이라는 세월이 흘렀어. 아인슈타인은 취리히 공대의 정교수로 일하며 세계적인 주목을 받는 물리학자 가운데 한 명이었지. 1913년 아인슈타인은 베를린으로부터 귀가 솔깃한 제안을 받았어. 당시 베를린은 당대 최고의 학자들이 모여 실력을 겨루던 과학의 수도나 다름없었지. 막스 플랑크와 발터 네른스트는 아인슈타인에게 각종 연구소의 고위 직책을 마련해주겠다고 나섰어. 심지어 오늘날 〈막스 플랑크 연구소〉의 전신인 〈카이저 빌헬름 연구소〉에 아인슈타인을 위해 물리학 연구 분과를 따로 만들어 그 책임을 맡아달라고까지 했어. 게다가 의무적으로 강의를 하지 않아도 되며 오로지 연구에 몰두해도 좋다는 조건으로 베를린 대학교에서 교수 자리까지 제시했지. 물론 원한다면 강의도 얼마든지 할 수 있다며 말이야. 연봉은 취리히와 비교도 할 수 없을 정도로 높았지. 그야말로 보통 교수라면 꿈도 못 꿀 제안이었어. 다만 다시 독일 국적을 가져야 한다는 사실 때문에 그는 망설였지. 이에 아인슈타인은 스위스 국적을 그대로 유지한다는 것을 조건으로 내걸었고, 결국 이 조건이 받아들여져 아인슈타인은 제안을 받아들였어.

1914년 4월 6일 아인슈타인 가족은 베를린으로 이사를 갔어. 밀레바와의 결혼생활은 늘 자잘한 말썽의 연속이었는데, 베를린으로 이사를 간 뒤 부부관계는 더욱 나빠지고 말았지. 베를린으로 옮겨간 지 얼마 되지 않아 밀레바는 두 아이들을 데리고 잠시 쉬겠다며 취리히로 돌아가 버리고 말았어. 1914년 8월에는 제1차 세계대전이 터지고 말았지. 전쟁 때문에 가족은 서로 떨어져 살아야만 했어. 결국 1919년 이혼을 하고 말았어. 아인슈타인은 밀레바로부터 해방된 것을 기뻐하면서도 그녀와 아들들은 계속 돌봤다고 해. 전쟁 동안 아인슈타인은 독일에서 스위스로 생활비를 송금했지. 1921년 노벨상 상금으로 받은 것도 밀레바와 아이들에게 주었어.

1919년 6월 2일 아인슈타인은 두 번째로 결혼을 했어. 아버지 쪽 사촌의 딸로 남편과 사별한 엘자 뢰벤탈이 결혼 상대였지. 결혼과 함께 아인슈타인은 마르고트Margot와 일제Ilse라는 이름의 두 딸까지 덤으로 얻었어.

아인슈타인은 베를린 대학교에서의 생활을 무척 즐겼지. 강의는 하지 않았지만, 매주 열리는 물리학 토론회에 빠지지 않고 참여했어. 토론회에는 쟁쟁한 명성을 자랑하는 과학자들이 대거 참가했지. 리제 마이트너, 에르빈 슈뢰딩거, 막스 플랑크, 발터 네른스트, 막스 폰 라우에, 제임스 프랑크, 구스타프 헤르츠 등 이름만 들어도 눈이 휘둥그레질 위인들 말이야. 그렇지만 아인슈타인은 늘 그래왔듯 외톨이로 지냈어. 루돌프

라덴부르크는 그런 아인슈타인을 두고 이런 말을 했지. "당시 베를린에는 두 그룹의 물리학자들이 있었다. 한 쪽은 아인슈타인, 다른 한 쪽은 나머지 물리학자들 이렇게 말이다."

독일 군인들이 1914년 중립국인 벨기에로 진격해 들어갔을 때 다른 나라들은 격렬하게 항의했어. 그래서 독일 정부는 벨기에의 주권을 침해한 침략행위를 정당화하기 위해 '문화 세계에의 호소' 라는 운동을 벌였어. 당시 문화계를 주도하던 93명의 유명 인사들이 여기에 서명을 했지. 예를 들자면 빌헬름 콘라트 뢴트겐, 프리츠 하버, 필리프 레나르트, 발터 네른스트, 에른스트 헤켈, 막스 플랑크, 파울 에를리히, 빌헬름 오스트발트, 펠릭스 클라인, 에밀 피셔 등 그야말로 쟁쟁한 인물들이야. 그러나 아인슈타인은 끝내 서명하지 않았어.

대신 아인슈타인은 생리학자 게오르크 프리드리히 니콜라이와 함께 '유럽인들에게 보내는 호소' 라는 성명서를 썼어. 여기서 아인슈타인은 유럽의 모든 학자들에게 신속한 종전을 위해 노력해줄 것을 요구했어. 그렇지만 이 성명서에 서명한 사람은 고작 서너 명뿐이었지. 결국 성명서는 발표되지 못했어.

아인슈타인은 전쟁을 강력하게 반대했어. 몇몇 뜻을 같이 하는 사람들과 함께 아인슈타인은 1914년 11월 '새 조국 연맹' 이라는 단체를 결성해 영토권 분쟁을 일으키지 말고 평화를 회복할 것을 강하게 주장했지. 연맹 회원들은 앞으로 전쟁을 원천봉쇄할 국제기구의 설립을 꿈꾸었어. 1916년 연맹은 법으로 금지되었지만, 지하에서 활동을 계속했어. 전쟁이 끝나자 연맹은 '독일 인권 동맹' 이라는 단체로 탈바꿈했다가 나중에 나치스에 의해 해체되고 말았어.

1911년에 이미 아인슈타인은 「중력이 빛의 확산에 미치는 영향에 관하여」라는 제목의 논문에서 태양과 아주 가까이 날아가는 빛 입자는 태양의 중력에 끌려 더 이상 직선의 비행궤도를 유지하지 못하고 휘게 될 것이라는 주장을 했어. 태양에 가까이 있는 별들의 빛을 보면 이를 확인할 수 있을 거라는 말도 곁들였지. 그렇지만 태양빛이 너무 밝아 이 별들의 약한 빛은 완전히 가려진다는 거였지. 그래서 아인슈타인의 주장이 맞는지 여부는 달이 태양을 완전히 가리는 개기 일식 때 확인할 수 있었지. 그러나 완전한 개기 일식은 아주 드물어. 또 지구의 어디에서나 볼 수 있는 것도 아니고 말이야. 1911년 이후 첫 개기 일식은 1914년에 일어났는데, 러시아에서만 관측할 수 있었어. 그러나 전쟁 때문에 측정은 이뤄질 수 없었지.

정치활동을 하면서도 아인슈타인은 물리학 연구를 소홀히 하지 않았어. 1915년 11월 4일 그는 프로이센의 과학 아카데미에 「일반 상대성 이론에 대하여」라는 제목의 논문을 제출했어. 아홉 쪽밖에 되지 않는 짧은 논문이었지만, 이는 20세기가 거둔 최고의 과학적 성과야. 나중에 막스 플랑크는 이 논문에 필적할 수 있는 것은 오로지 요하네스 케플러와 아이작 뉴턴의 업적일 뿐이라는 말을 했어. 이 이론에 나오는 수학 공식을 다듬는 데는 학창시절 아인슈타인의 친구이며 그동안 취리히에서 교수가 된 마르셀 그로스만이 커다란 도움을 주었어.

다음 완전 개기 일식은 1919년 3월 29일에 일어났지. 두 팀으로 나뉜 영국 탐험대가 한 팀은 브라질 북부에서, 다른 팀은 아프리카 기니의 만에서 각각 정밀 관측과 측정을 했어. 실측 결과, 빛 입자가 실제로 아인슈타인이 예측한 각도 그대로 휘는 곡선 궤도를 그리는 것을 확인했어. 일반 상대성 이론이 사실로 검증된 순간이야. 취리히의 친구들은 아인슈타인에게 축시를 보냈어.

'모든 의심이 깨끗이 사라졌네. 마침내 똑똑히 보았다네. 빛은 실제로 구부정하게 날아가 아인슈타인의 최고 명성을 밝혔네.'

이제 언론과 대중도 알베르트 아인슈타인과 그의 이론에 관심을 갖기 시작했어. 거의 모든 나라의 신문에 아인슈타인의 사진이 실렸고, 과학, 정치, 사회, 철학 등에 관한 아인슈타인의 고견을 열심히 기사로 써댔지. 아인슈타인의 이런 세계적인 명성은 오늘날까지도 이어지고 있어.

그러나 동시에 알베르트 아인슈타인을 곱지 않은 시선으로 보는 이들도 생겨났어. 1920년 파울 바이란트라는 독일의 사기꾼은 '순수 과학을 지키기 위한 독일 자연과학자 모임' 이라는 단체를 만들었지. 이 단체의 가장 유명한 회원은 물리학자로 노벨상을 수상한 필리프 레나르트(1862~1947)였어. 레나르트는 골수 민족주의자이며 반유대인주의자였고 후에 나치스에 가입할 정도로 극우적인 인물이야. 단체는 아인슈타인에게 아첨을 떨지 말자는 성명을 발표하며 노골적인 선동을 서슴지 않았어. 아인슈타인은 독일 민족의 정신을 천박하게 만드는 원흉이며, 상대성 이론은 정신적으로 혼란한 시대가 빚어낸 일종의 대중 암시와 같은 것에 지나지 않는다고 터무니없는 비난을 일삼았지.

이후 오랫동안 알베르트 아인슈타인은 강연 여행을 다녔어. 시온 운동의 선구자인 카임 바이츠만이 아인슈타인과 함께 미국을 일주하는 여행을 계획한 거야. 팔레스타인에 유대인의 고향을 재건할 것과 예루살렘에 유대인 대학교를 건립하는 것을 널리 알리고자 한 것이야. 미국에 사는 부유한 유대인들의 후원을 이끌어내려 한 것이지. 아인슈타인은 자신의 명성을 이런 목적에 쓰는 데 동의했어. 1921년 초 두 사람은 기선을 타고 대서양을 건너갔지. 뉴욕 항구에는 구름떼 같이 모여든 사람들이 아인슈타인을 환영했어. 한 손에 파이프를 들고 다른 손에 바이올린 상자를 든 아인슈타인이 배에서 내리자 수많은 기자들이 그를 에워쌌지. 아인슈타인은 오픈카를 타고 뉴욕 시내에서 퍼레이드를 벌였어. 당시 대중이 품은 아인슈타인을 향한 존경의 표현이었지. 워싱턴에서는 심지어 대통령 워런 하딩이 직접 아인슈타인을 맞았을 정도야. 미국에서 아인슈타인은 가는 곳마다 열광적인 환영을 받았어. 1921년 5월 9일 프린스턴 대학교는 아인슈타인에게 명예박사학위를 수여했지. 총장의 축사는 이렇게 시작했어. "외롭게 생각이라는 낯선 바다를 항해하는 자연과학의 새로운 콜럼버스를 환영합니다."

1922년 말에는 일본에서 순회강연을 했어. 이때 아인슈타인은 1921년 노벨 물리학상을 거꾸로 되짚어 그에게 수여하기로 했다는 소식을 들었지.

확신에 가득 찬 평화주의자인 아인슈타인은 세계 평화를 위해 봉사할 기회를 놓치는 법이 없었어. 1922년 유엔 산하의 '지식인 협력 위원회' 의 위원으로 부름을 받은 그는 일단 가입을 했다가 1923년에 탈퇴를 했어. 유엔이 평화를 지키기 위해 아무것도 하지 않는다는 것을 분하게 여겼기 때문이야. 하지만 그의 탈퇴는 예상하지 못한 결과를 불러왔어. 나치스가 쌍수를 들고 환영한 거야. 안 되겠다 싶어 아인슈타인은 1924년에 다시 가입을 했지.

1930년 12월 아인슈타인은 오랜만에 다시 미국으로 갔어. '캘리포니아 기술 연구소' 의 연구원으로 초대를 받았거든. 그래서 아인슈타인은 베를린 당국으로부터 매년 석 달씩 캘리포니아에서 일을 해도 좋다는 허가를 받아냈지. 1932년 가을 다시금 아내와 함께 미국으로 가기 위해 집을 나서며 아인슈타인은 아내에게 이렇게 말했어. "떠나기 전에 다시 한 번 집을 잘 봐둬요. 이 집을 다시는 못 볼 테니까." 아인슈타인의 말은 옳았어.

1933년 1월 30일 아돌프 히틀러Adolf Hitler가 독일 제국의 수상으로 선출됐어. 이때부터 독일에서의 아인슈타인 명성은 체계적으로 공격을 받기 시작했어. 1933년 5월에 나온 〈민족 관측통〉이라는 신문에는 필리프 레나르트가 쓴 기사가 실렸어. "유대인이 자연과학 연구에 얼마나 위험한 영향을 끼치는지에 대해 보여주는 가장 심각한 사례는 아인슈타인과 그가 수학으로만 제멋대로 꾸며낸 이론들이다."

독일의 나치스 정권은 아인슈타인이 유대인이라는 이유 하나만으로 상대성 이론을 틀린 것으로 간주했어. 또는 크리스티안 모르겐슈테른의 시로 표현을 할 수도 있지. "있어서 안 되는 것은 있을 수도 없으니까. 단칼처럼 내려진 결정이다." 한편 아인슈타인은 미국에서 히틀러 정권을 공개적으로 비판했어.

알베르트 아인슈타인은 다시는 독일로 돌아오지 않고 벨기에의 작은 휴양지 르코크로 이사를 했어. 독일에서는 유대인들이 갈수록 살기가 힘들어졌거든. 베를린에서 멀지 않은 카푸트라는 작은 도시에 있던 아인슈타인의 집도 철저히 수색을 당했지.

몇 해 전부터 '아인슈타인 슈트라세'로 불리던 울름의 거리는 '피히테 슈트라세'로 이름이 바뀌고 말았어. 베를린에 있던 은행 계좌는 당국이 강제로 거래정지를 시켰고, 전 재산 3만 라이히스마르크*도 압수되어버렸지. 나치스는 카푸트에 있던 아인슈타인의 빌라도 몰수했어. 그뿐만 이 아니야. 아인슈타인의 머리에 5만 라이히스마르크크라는 현상금을 내걸었어. 유대인들을 겨눈 대량학살이 시작된 것이지.

1933년 가을 아인슈타인은 다시금 여섯 달 동안 미국에 체류할 기회를 얻었어. '첨단 과학 연구소' 의 창설자 에이브러햄 플렉스너에게 초대를 받은 거야. 뉴욕에서 멀지 않은 프린스턴으로 간 아인슈타인은 학생들을 가르칠 필요 없이 연구에만 몰두할 수 있는 최상의 조건을 약속받았어. 어느 정도 시간이 흐르면서 아인슈타인은 아예 유럽으로 돌아가지 않기로 생각을 굳혔지. 1935년에 미국 국적을 신청했고, 1940년 6월 22일에 정식 미국 시민이 되었지. 1936년에는 아내 엘자가 세상을 떠났어.

1939년 7월 헝가리 출신의 물리학자인 레오 실라르드(1898~1964)와 유진 위그너(1902~1995)가 롱아일랜드 '페코닉 그루브Peconic Grove' 라는 곳에서 여름휴가를 보내고 있던 아인슈타인을 찾아왔어. 아인슈타인은 실라르드와 위그너와 마찬가지로 독일 과학자들이 원자폭탄을 만들고 있을 거라고 확신했지. 아인슈타인에게 두 사람은 미국 대통령에게 보낼 편지를 써달라고 부탁을 했어.

독일 원자폭탄에 대한 경각심을 일깨우면서 미국도 원자폭탄을 만들 연구 프로젝트를 서둘러야 한다는 편지는 프랭클린 루스벨트(1882~1945)

* 1924년부터 1948년까지 독일에서 사용한 통화.

앞으로 보내졌지. 아인슈타인은 철저한 평화주의자였지만, 부탁을 받아들여 1939년 8월 2일에 편지를 썼어. 루스벨트 대통령은 사태의 심각성을 깨닫고 미국 역사상 가장 큰 연구 프로젝트에 시동을 걸었어. 나중에 '맨해튼 프로젝트Manhattan Project' 라고 불리게 된 이 연구 사업은 최초로 원자폭탄을 만들어냈어. 하지만 아인슈타인 자신은 이 프로젝트에 전혀 관계하지 않았지.

1945년 8월 6일과 9일 미국이 만든 두 개의 원자폭탄이 일본의 히로시마와 나가사키에 떨어졌고, 10만 명 이상의 사람들이 죽었지. 그렇지만 정확한 숫자는 아무도 몰라. 맨해튼 프로젝트의 연구 책임자였던 줄리어스 로버트 오펜하이머는 폭탄을 투하하고 난 다음 이런 말을 했어. "이제 과학자들은 죄악이 무엇인지 알게 되었다. 그리고 이런 앎은 절대 그들의 머리에서 떠나지 않을 것이다."

아인슈타인이 원자폭탄에 기여한 것은 두 가지야. 우선 1905년 $E=m \cdot c^2$이라는 물리학 공식을 발견한 게 그 중 하나야. 이 공식이 없었더라면 원자폭탄은 만들어지지 못했을 테니까. 그리고 다른 하나는 1939년 루스벨트 대통령에게 편지를 쓴 것이지.

20 핵분열

원자폭탄과 원자력에너지 사이

다양한 모양의 레고 조각들은 한정돼 있지. 그런데도 아이들은 그것을 가지고 사람, 동물, 집, 자동차, 기차 같은 것들을 뚝딱거리고 잘도 만들어. 우리 세상도 마찬가지야. 세상의 모든 것은 고작 111개*의 기초 조각들로 이뤄져 있어. 이런 조각들을 두고 '화학 원소' 라고 부르지. 몇 가지만 예로 들어보면 철, 구리, 알루미늄, 산소, 우라늄 등이 여기에 해당돼. 가장 작은 물질을 두고 우리는 원자라고 불러. '원자Atom' 라는 말은 그리스어에서 온 것으로, 원래는 '더 이상 쪼갤 수 없는 것' 이라는 뜻이었어.

예컨대 사람들은 철 원자는 순전히 철로 된 아주 적은 질량을 가진 공이라고 생각했어. 그렇지만 1900년 물리학자들은 이런 생각이 틀린 것이라고 밝혀냈지. 확인 결과, 원자의 대부분은 텅 비어 있는 것이 마치 우주

공간 같아. 그 중심에는 상상조차 할 수 없을 정도로 작은 핵이 들어 있었지. 이를 '원자핵'이라고 불러. 원자핵을 중심으로 그 주위에는 더욱 작은 전자 등이 맴을 돌고 있지. 원자핵 자체는 다시 소립자라고 불리는 더욱 작은 입자들로 이뤄져 있어.

1930년대에 이르러 마침내 모든 원자핵은 두 종류의 소립자, 즉 양자와 중성자로 이뤄져 있는 것으로 밝혀졌어. 원자가 어떤 화학원소에 속하는지에 따라 원자핵에 있는 양자의 수는 정해져 있어. 예를 들어 산소 원자는 8개의 양자를, 철 원자는 26개, 우라늄 원자는 92개의 양자를 가지고 있지.

"원자핵이 여러 개의 소립자들로 이뤄져 있다면, 그것을 반으로 쪼개는 것도 가능해야만 하지 않을까?" 이렇게 생각한 과학자들은 당장 팔을 걷어붙이고 나섰지. 이 실험에서 성공한 최초의 과학자들은 오토 한, 리제 마이트너 그리고 프리츠 슈트라스만이야. 1938년 이들은 베를린에서 우라늄의 핵분열을 처음으로 입증하는 데 성공했어(리제 마이트너는 이 첫 실험에 함께 하지 못했어. 유대인이었던 탓에 성공 직전 나치스를 피해 스웨덴으로 망명해야만 했기 때문이야).

이제 분열로 생겨난 두 개의 원자핵은 원래 원자핵과 똑같은 정지질량을 가지고 있을 거라고 학자들은 예상했어. 하지만 확인 결과는 달랐

* 천연원소 90개, 합성원소 21개이며, 최근 원자번호 112, 원자기호 Cr인 코페르니슘이 추가 되었다.

어. 정지질량이 원래의 그것에 비해 0.1%가 줄어든 거야. 그렇지만 이미 우리가 알고 있듯, 질량이라는 것은 그렇게 간단히 사라지는 게 아니잖아. 그러니 그 0.1%는 운동에너지로 변한 게 틀림없어.

0.1%라고 하니까 아주 적게 들릴지 모르지만, 실제에 있어 그 힘은 엄청난 거야. 이때 나오는 에너지를 우리는 여러 가지로 활용할 수 있지. 집에 난방을 하거나, 제철소에서 쇠를 펄펄 끓이거나, 배를 운항하는 데 쓸 수도 있어. 동시에 도시를 잿더미로 만들 수도 있는 엄청난 파괴력을 자랑하지. 적은 물질을 가지고 큰 에너지를 얻어낸다는 것은 모든 군대의 꿈이야. 이는 다시 말해서 작은 폭탄으로 엄청난 파괴력을 이끌어낼 수 있다는 거잖아. 그래서 핵분열을 응용한 첫 작품이 원자폭탄의 제조였어.

헝가리 출신의 물리학자 레오 실라르드와 유진 위그너의 추진으로 루스벨트 대통령은 1939년 연구 프로젝트를 가동시켰어. 나중에 '맨해튼 프로젝트'라 불린 이 연구 사업의 목적은 미국의 원자폭탄을 만드는 것이었지. 1942년부터 연구는 밤낮을 가리지 않았고, 한때는 1만 명이 넘는 사람들이 참가하기도 했어.

1945년 7월 16일 새벽 다섯 시 마침내 원자폭탄이 그 위용을 드러냈어. 세계의 첫 번째 원자폭탄은 뉴멕시코의 사막에서 터졌지. 드디어 핵 시대가 막을 올리는 순간이었어. 물리학자 오토 로베르트 프리는 핵 실험 관측 벙커에서 폭발이 이뤄지던 순간을 다음과 같이 증언하고 있어.

"폭탄이 터지고 난 후 아무런 소리도 없이 빛만 가득했다. 적어도 그렇게 보였다. 지평선의 모래언덕이 눈부신 빛으로 이글거렸다. 거의 아무런 색도 없었고, 형태 같은 것도 보이지 않았다. 이 모든 것을 관통하는 빛은 약 2초 동안 그대로 유지되었다. 그러더니 천천히 어두워졌다. 등을 돌려 바라보았으나, 작은 태양 같은 지평선의 물체는 여전히 너무나 밝았다. 나는 눈을 껌벅이며 더 자세히 보려고 애를 썼다. 약 10초가 지났음에도 그것은 더욱 커졌다. 이글거리는 것은 덜했지만, 꼭 딸기 모양을 닮은 거대한 기름 불덩이를 보는 것만 같았다. 천천히 바닥에서 연기가 피어올랐다. 계속 굵어지는 회오리바람 기둥은 거대한 모래가 춤을 추는 것처럼 보였다. 마치 코를 허공에 추켜세운 코끼리 한 마리가 붉게 이글거리는 것 같았다. 그런 다음 뜨거운 가스 구름이 천천히 식으면서 검붉은 색으로 변하자, 전체는 푸르게 이글거리는 화환처럼 보였다. 이온을 띤 공기가 고온으로 달궈지면서 생긴 현상이다."

맨해튼 프로젝트의 연구 책임을 맡은 줄리어스 로버트 오펜하이머는 나중에 이런 말을 했어. "벙커에서 몇몇 사람은 웃음을 터뜨렸고, 몇몇은 소리를 질렀다. 그러나 대다수 사람들은 입을 꾹 다물고 아무 말도 하지 않았다. 내 머릿속으로는 바가바드기타에서 크리슈나가 왕자에게 그의 책무를 다하라고 설득하는 구절이 스쳐지나갔다. '이제 나는 죽음이다. 온 세상을 짓밟는 파괴자이다.' "

몇 주 뒤 오펜하이머의 생각은 경악할 만한 현실로 나타났어. 1945년 8월 6일 해리 트루먼 대통령은 원자폭탄을 일본의 항구도시 히로시마에 투하할 것을 명령했지. 그로부터 사흘 뒤에는 두 번째 원자폭탄이 나가사키에 떨어졌어. 히로시마는 이 한 개의 폭탄으로 도시의 60% 이상이 잿더미로 변했으며, 일본 정부의 주장에 따르면 14만 명이 죽었어. 나가사키는 피해 규모가 조금 작았어. 도시의 40%가 파괴되었고, 히로시마의 절반 정도 사망자가 나왔지.

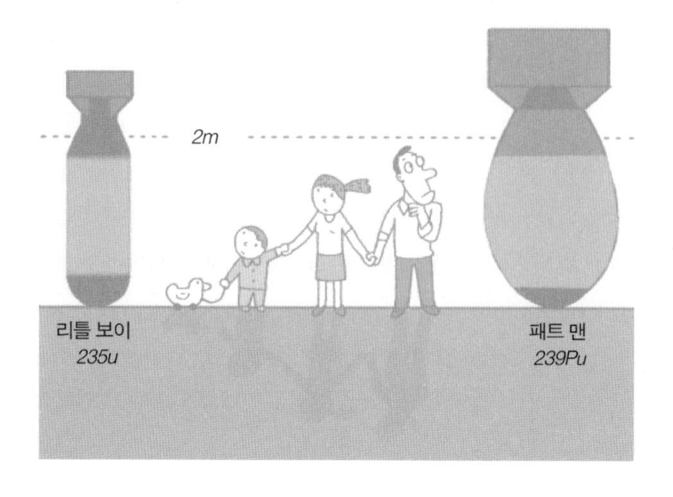

〈그림 31〉 1945년 히로시마와 나가사키에 떨어진 두 개의 원자폭탄

두 개의 원자폭탄은 서로 다른 방법을 써서 만든 것이야. '리틀 보이 Little Boy' 라고 불린 히로시마에 떨어진 원자폭탄은 우라늄을 원료로 쓴 것이고, '패트 맨Fat Man' 이라는 이름의 나가사키에 떨어진 폭탄은 플루토늄이 그 재료이지(그림 31).

'리틀 보이' 는 무게가 4톤이지만, 그 가운데 약 15킬로그램만 우라늄이야. 다시 거기서 1킬로그램만 폭발 때 분열을 했지. 이 1킬로그램의 0.1%, 그러니까 1그램이 운동에너지로 변한 거야. 공식 $E=m \cdot c^2$에 따르면 이 1그램은 약 2,300만 킬로와트시를 가져. 바꿔 말하면 기존의 폭약 티엔티(TNT: 트리니트로톨루엔Trinitrotoluene) 2만 톤과 맞먹는 폭발력을 자랑하지.

핵분열을 원자폭탄 제조에 이용하고 난 다음 과학자들은 핵에너지의 평화적 이용방법에 골몰했어. 많은 산업 국가들이 앞 다투어 핵에너지를 가지고 전기를 생산하는 원자력발전소를 지었지. 1956년 10월 17일 영국 여왕은 콜더홀에서 세계 최초의 원자력발전소에서 스위치를 눌렀어. 핵에너지가 일반 시민들뿐만 아니라 과학자들 사이에서도 많은 논란을 낳고 있지만, 원자력발전소는 갈수록 많아졌어.

1991년 프랑스와 리투아니아는 전체 소비 전력의 76%를 핵에너지에서 얻어냈지. 원자폭탄과 원자력발전소의 큰 차이는 폭탄에 있어서는 정지질량이 운동에너지로 바뀌는 게 번개 치듯 순식간에 이뤄지지만, 원자력발전소에서는 이 과정이 아주 천천히 일어난다는 것이야. 원리로 보면 원자력발전소는 어떤 것이든 똑같아. 정지질량에서 운동에너지가 생겨나고, 이게 열로 바뀌어 물을 끓이는 식이지. 나머지 과정은 기존의 석탄이나 기름을 때는 화력발전소와 별 차이가 없어. 가열된 물은 순환체계를 통해 발전기를 돌리는 터빈을 작동시키지. 그런 다음 식혀진 물은 다시 핵분열 영역으로 되돌아와서, 과정을 처음부터 되풀이하는 거야.

줄리어스 로버트 오펜하이머

Julius Robert Oppenheimer(1904~1967)

그는 1904년 4월 22일 뉴욕에서 태어났다. 1922년 대학에 들어가 그리스어와 라틴어를 전공으로 택했으나, 이내 물리학과 화학으로 관심을 바꿨다. 1925년에 석사학위를 취득한 후 유럽으로 가서 케임브리지, 괴팅겐, 레이던, 취리히 등을 전전하며 더욱 깊이 있게 공부했다. 1929년 미국으로 돌아온 그는 1936년 캘리포니아의 버클리 대학교에서 정교수가 되었다. 그가 특히 주력한 연구 분야는 양자역학과 원자핵 물리학이다.

1942년 38세의 나이로 맨해튼 프로젝트의 연구 책임자가 된 오펜하이머는 뉴멕시코 사막 한가운데 있는 도시 로스앨러모스에서 최초의 핵무기를 개발했다. 1945년 독일이 항복하고 유럽에서 제2차 세계대전이 끝을 맺었지만, 아직도 태평양에서는 일본과의 싸움이 계속되었다. 맨해튼 프로젝트에 참가했던 몇몇 학자들은 원자폭탄을 써서는 안 된다는 주장을 했지만, 프로젝트의 군사 책임자였던 그로브스 장군은 일본에 핵폭탄을 투여하는 데 찬성했다.

2차 세계대전이 끝나고 버클리 대학교로 돌아왔던 오펜하이머는 나중에 프린스턴으로 자리를 옮겼다. 젊은 시절 공산주의 활동을 했고, 특히 수소폭탄을 만드는 일에 참여하기를 거부한 탓에 1954년 일체의 공직을 박탈당했다. 이후 1962년과 1963년에 걸쳐 간신히 존 F. 케네디 대통령의 명령으로 복권할 수 있었다.

생애의 말년에 평화주의자가 된 오펜하이머는 핵에너지를 평화적인 목적에만 이용해야 한다는 주장을 펼쳤다. 1967년 2월 18일 프린스턴에서 죽었다.

21 천재과학자의 최후

그가 남긴 마지막 말은 무엇이었을까?

1945년 66살이 된 알베르트 아인슈타인은 정년퇴직을 했어. 그렇지만 프린스턴의 '첨단 과학 연구소'에 연구실은 계속 쓸 수 있었지. 그곳에서 그는 '통일장이론'의 연구에 몰두했어.

아인슈타인은 제2차 세계대전이 끝난 뒤에도 독일과 절대 화해하지 않았어. 조금이라도 독일 냄새가 나는 것이면 무척 혐오했지. 독일 대통령 테오도어 호이스가 아인슈타인에게 '푸르 르 메리테' 훈장을 갱신하고 싶지 않으냐고 물었을 때, 아인슈타인은 다음과 같은 답장을 썼어. "독일인들이 유대인에게 저지른 대량학살 이후, 자신이 누구인지 아는 유대인이라면 독일의 그 어떤 공적인 행사나 제도와 결코 결부되는 일이 없도록 처신하리라는 것은 명약관화한 일이지요."

1952년 11월 9일 이스라엘의 초대 대통령 카임 바이츠만이 사망하자 사람들은 아인슈타인을 대통령 자리에 앉히려고 했지. 아인슈타인은 정중히 거절하며 이렇게 말했어. "평생 객관적인 사물만 다뤄왔습니다. 사람들을 올바로 대하고 공직을 수행하기에는 타고난 능력도 경험도 없습니다. 나이를 먹어 힘이 예전과 다를 정도는 아니지만, 그런 높은 직책을 수행하기에 저는 적절하지 않습니다."

아인슈타인의 건강상태는 좋지 않았어. 간경병증뿐만 아니라 대장이 동맥류 이상으로 비대해지는 병까지 앓았지. 그래도 아인슈타인은 연구를 쉬지 않았어. 1955년 4월 13일 아인슈타인은 프린스턴의 한 병원에 급히 실려 갔고, 1955년 4월 18일 새벽 1시에 숨을 거뒀어.

마지막 순간 아인슈타인은 독일어로 뭔가 중얼거렸다는군. 그렇지만 야간 근무를 하던 간호사는 독일어를 한 마디도 몰랐어. 결국 아인슈타인의 마지막 말은 영원히 묻혀버리고 말았지. 본인 희망대로 시신은 화장을 해서 그 재를 바람에 뿌렸어.

"상대성 이론은 내 생에 가장 행복한 생각이다."

친절한 아인슈타인

하인리히 헴메 지음 | 김희상 옮김

1판 1쇄 발행 2010년 11월 25일

발행인 | 서경석

편집 | 정재은 · 서지혜 마케팅 | 예경원 · 서기원 · 소재범
디자인 | 정용숙 · 장형준

발행처 | 청어람주니어 출판등록 | 제1081-1-89호
주소 | 경기도 부천시 원미구 심곡2동 163-2 서경B/D 3F (우)420-822
전화 | 032) 656-9495 전송 | 032) 656-9496
이메일 | junior@chungeoram.com

ISBN 978-89-93912-39-5 03420